Marco Bettner/Erik Dinges

Stochastik in der Grundschule

Kombinieren, schätzen, Daten erfassen und auswerten

Die Autoren: **Marco Bettner** – Rektor als Ausbildungsleiter am Studienseminar Friedberg (Hessen) für das Lehramt an Grund-, Haupt- und Realschulen, Lehrbeauftragter am Institut für Mathematikdidaktik der Justus-Liebig-Universität Gießen und Referent in der Lehrerfortbildung, Autor

Erik Dinges – Konrektor an einer Schule für Lernhilfe, Lehrbeauftragter am Institut für Mathematikdidaktik der Justus-Liebig-Universität Gießen und Tätigkeit in der Lehrerfortbildung, Autor

Gedruckt auf umweltbewusst gefertigtem, chlorfrei gebleichtem und alterungsbeständigem Papier.

7. Auflage 2018

Illustrationen: Ari Plikat
Satz: Satzherstellung Dr. Naake <www.naake-satz.de>

ISBN 978-3-8344-3707-5

www.persen.de

Inhaltsverzeichnis

Vorwort

Zahlreiche Entscheidungen und Vorhersagen basieren auf der Analyse von statistischen Daten. Fehlinterpretationen und Datenmissbrauch nehmen in unserer Gesellschaft immer mehr zu. Im Zeitalter des Fernsehens, der Printmedien und vor allem der neuen Medien wird es deshalb immer wichtiger, dass Schülerinnen und Schüler verstehen, wie Informationen verarbeitet und in Wissen umgesetzt werden.

Bereits im täglichen Leben der Grundschulkinder finden sich zahlreiche Anwendungsgebiete aus dem Bereich der Stochastik bzw. Kombinatorik. Überall begegnen ihnen Tabellen und Diagramme, aus denen sie Daten herauslesen und entsprechend interpretieren müssen. Darüber hinaus ist das Thema Stochastik auch für die intellektuelle Entwicklung der Schülerinnen und Schüler von Bedeutung. Der Themenkomplex leistet somit seinen Beitrag zu einem adäquaten Aufbau von Grundvorstellungen im Mathematikunterricht. Aus diesen Gründen ist das Themenfeld „Daten, Häufigkeiten und Wahrscheinlichkeit" seit einigen Jahren in den Bildungsplänen für Grundschulen integriert.

Im vorliegenden Arbeitsheft werden die zentralen Aspekte der Stochastik in fünf Kapiteln für die Grundschule aufbereitet:

- Tabellen
- grafische Darstellungen
- statistische Erhebungen
- Kombinatorik
- Wahrscheinlichkeitsrechnung

In allen Kapiteln werden die mathematischen Inhalte immer im Zusammenhang mit schülernahen Beispielen aus der Alltagswelt dargestellt. Beispielsweise werden im Zusammenhang mit Tabellen Busfahrpläne analysiert und ein Geburtstagskalender erstellt.

Innerhalb der Datenvisualisierung müssen Werte aus Strichlisten und aus verschiedenen Diagrammtypen herausgelesen sowie einfache eigene Diagramme erstellt werden. An dieser Stelle werden beispielsweise das Wachstum eines Kleinkindes und die Notenverteilung von Klassenarbeiten näher betrachtet.

Zum Thema statistische Erhebungen führen die Kinder unter anderem selbst Zufallsversuche und Umfragen durch, die sie protokollieren und statistisch auswerten. An dieser Stelle werden auch statistische Begriffe wie Mittelwert und Stichprobe thematisiert, wodurch ein erstes Begriffsverständnis für die beschreibende Statistik angebahnt wird.

Im Bereich der Kombinatorik bekommen die Kinder ein erstes Verständnis dafür, wie man die Kombinationsmöglichkeiten von unterschiedlichen Sachverhalten systematisch abzählt. Hier wurde besonders viel Wert auf die Integration der ikonischen und vor allem der enaktiven Ebene gelegt: Das Arbeiten mit Bildern sowie konkretes Ausprobieren und Verschieben von Materialien leisten eine effektive Hilfe zur Erschließung der Thematik auf der späteren symbolischen Ebene.

Innerhalb der Wahrscheinlichkeitsrechnung werden zahlreiche Experimentier-Situationen angeboten, die eine erste systematische Begegnung mit dem Zufallsbegriff ermöglichen. So lernen die Schülerinnen und Schüler, dass bestimmte Versuchsergebnisse bei einer entsprechend großen Anzahl von Wiederholungen häufiger auftreten als andere.

Die einzelnen Kapitel sind so angelegt, dass jeweils ein bis zwei Arbeitsblätter für jede Klassenstufe angeboten werden, die mit entsprechenden Symbolen gekennzeichnet sind. Manche Kopiervorlagen – insbesondere im Bereich der Wahrscheinlichkeitsrechnung – können jedoch nach Bedarf für verschiedene Klassenstufen eingesetzt werden.

Zum Abschluss werden zahlreiche Spiele rund ums Thema Stochastik angeboten. In allen Spielen werden kombinatorische und statistische Erkenntnisse sowie Inhalte der Wahrscheinlichkeitsrechnung gefördert und vertieft.

Die vorliegenden Arbeitsblätter tragen insgesamt dazu bei, dass die Schülerinnen und Schüler bis zum Ende der 4. Klasse folgende Kompetenzen erwerben:

- Grundkenntnisse im Umgang mit Daten
- Kenntnisse zur Konzeption von Tabellen und Diagrammen
- Fähigkeiten, auf Daten basierende Entscheidungen treffen und begründen zu können
- Erste Erfahrungen im Protokollieren und Auswerten von statistischen Erhebungen
- Umgang mit der Durchführung und Auswertung von Zufallsversuchen
- Verständnis für systematisches Abzählen verschiedener Kombinationen
- Einschätzung von Wahrscheinlichkeiten bei Glücksspielen

Symbole zur Kennzeichnung der Kopiervorlagen:

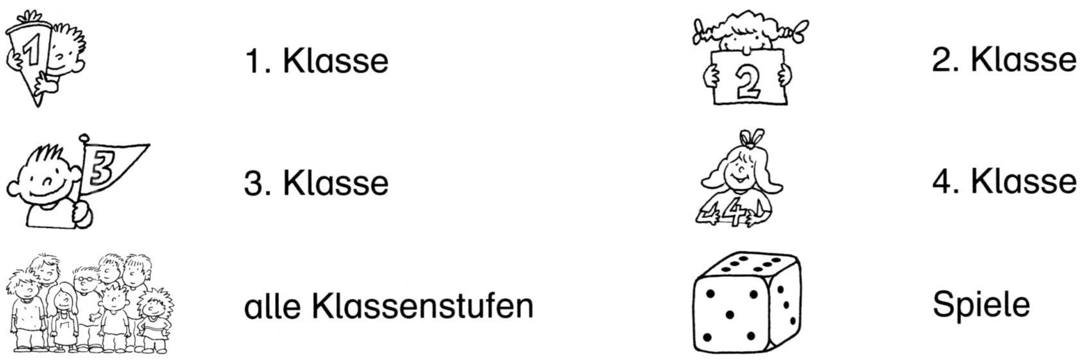

 Aufgaben mit diesem Symbol sollen im Heft gerechnet werden.

Aufgabe 1

Schreibe die Vornamen deiner Mitschüler in die Liste.

⇒

Vorname

Aufgabe 2

a) Sortiere die Liste.
Trage die Namen in die Tabelle ein.

Mädchen	Jungen

b) Zähle nach: Wie viele Mädchen und Jungen sind es?

 ______________  ______________

Aufgabe 1

a) Berechne die Aufgaben und schreibe das Ergebnis jeweils in die richtige Spalte.

$4 + 3 =$ $4 + 7 =$ $8 + 0 =$ $2 + 2 =$ $7 + 7 =$

$5 + 6 =$ $1 + 8 =$ $6 + 3 =$ $8 + 3 =$ $2 + 4 =$

kleiner als 10	größer als 10

b) Wovon gibt es mehr Ergebnisse?

kleiner als 10 ☐

größer als 10 ☐

Aufgabe 2

a) Sortiere in die Tabelle.

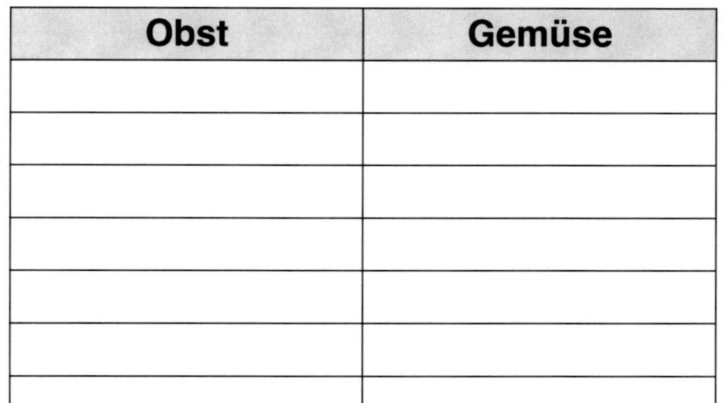

Obst	Gemüse

b) Enthält die Liste mehr Obst oder mehr Gemüse? ____________________

Aufgabe 1

Notiere die Vornamen deiner Mitschüler und schreibe jeweils ihr Alter dazu.

Sortiere die Namen dann in die Tabelle ein.
Welches Alter kommt in eurer Klasse am häufigsten vor?

7 Jahre	8 Jahre	9 Jahre	10 Jahre

Aufgabe 2

Erfrage zusätzlich ihre Haarfarbe. Lege eine Tabelle an und trage ein.

Vorname	Alter	Haarfarbe

Einfache Tabellen liest man immer von oben nach unten. Bei Tabellen mit mehreren Merkmalen muss man auch von links nach rechts lesen.

Aufgabe 1

Beobachte eine Woche lang das Wetter. Kreuze in der Tabelle jede Wetterlage an, die an den Tagen vorkam.

Beispiel: *Montag war es vormittags sonnig, nachmittags gab es Regen und Wind. Das sind 3 Kreuze in der Tabelle.*

	Sonne	bewölkt	Wind	Regen	Schnee
Mo					
Di					
Mi					
Do					
Fr					
Sa					
So					

Aufgabe 2

Zeichne die Tabelle dreimal ab und beobachte das Wetter einen Monat lang.

Aufgabe 3

Werte die Tabellen für den ganzen Monat aus:

a) An wie vielen Tagen schien die Sonne? __________

b) An wie vielen Tagen hat es geregnet? __________

c) An wie vielen Dienstagen war es bewölkt? __________

d) An wie vielen Tagen gab es Regen und Sonnenschein? __________

e) Wie sah das Wetter in diesem Monat meistens aus? __________

Aufgabe 1

a) Beobachte eine Woche lang das Wetter: Wann und wie lange schien die Sonne? Kreuze die entsprechenden Kästchen an.

Datum	Sonnenschein 6 Uhr 12 Uhr 18 Uhr	Stunden
__.__.__		
__.__.__		
__.__.__		
__.__.__		
__.__.__		
__.__.__		
__.__.__		

b) Wie viele Stunden Sonnenschein gab es insgesamt? ________

Aufgabe 2

Finde heraus, in welchen Monaten deine Mitschüler Geburtstag haben. Trage das genaue Datum und den Vornamen in die Tabelle ein.

Geburtstagskalender					
Januar	Februar	März	April	Mai	Juni

Juli	August	September	Oktober	November	Dezember

Aufgabe 1

Beobachte einen Tag lang, was du in deiner Freizeit alles machst.
Kreuze in der Tabelle an, was du wie lange gemacht hast.

Tag								
bis zu $\frac{1}{2}$ Stunde								
bis zu 1 Stunde								
bis zu 1 $\frac{1}{2}$ Stunden								
bis zu 2 Stunden								
bis zu 3 Stunden								
mehr als 3 Stunden								

 lesen

 Hausaufgaben

 fernsehen

 Musik hören

 draußen spielen

 drinnen spielen

 Sport treiben

 zu Hause helfen

Aufgabe 2

Führe die gleiche Liste eine ganze Woche lang.
Dazu musst du die Tabelle noch 6-mal abzeichnen.

Aufgabe 3

Vergleiche die einzelnen Tabellen miteinander und beantworte folgende Fragen:

a) Wie viele Minuten hast du insgesamt gelesen? ______________________

b) Hast du jeden Tag gleich lange an den Hausaufgaben gesessen? ____________

c) Hast du in der ganzen Woche mehr ferngesehen oder mehr Musik gehört?

____

Aufgabe 1

a) Berechne die Fahrtzeiten und trage diese in die Tabelle ein.

Abfahrt	Ankunft
14.45	15.00
16.30	17.00
17.58	18.05
11.46	12.55
22.09	23.48

Fahrtzeit

b) Wann kommt der Zug an? Trage die Ankunftszeiten in die Tabelle ein.

Abfahrt	7.30	8.15	6.45	17.13	23.05	19.34	13.12
Fahrtzeit	30 Min.	18 Min.	42 Min.	43 Min.	58 Min.	34 Min.	22 Min.
Ankunft							

Aufgabe 2

Beantworte folgende Fragen. 

 **FB 22** **Gedern – Ortenberg –Stockheim – Büdingen** 

	Montag-Freitag														Samstag				
Verkehrsbeschränkungen			S	F	S		S	S				S							
Gedern, Otto-Müller-Straße						12.16			13.24	15.24			18.24						17.53
Gedern, Schloss						12.19			13.27	15.27			18.27						17.56
Gedern, Rathaus	**9.21**	**10.29**				**12.21**			**13.29**	**15.29**	**16.29**	**17.29**	**18.29**	**19.29**	**5.58**	**6.58**	**9.58**	**12.58**	**17.58**
Hihai-Merkenfritz, Ged.Str.	9.26	10.34				12.26			13.34	15.34	16.34	17.34	18.34	19.34	6.03	7.03	10.03	13.03	18.03
Hirzenhain, Nidderstraße	9.29	10.37				12.29			13.37	15.37	16.37	17.37	18.37	19.37	6.06	7.06	10.06	13.06	18.06
Ortenb-Lißberg, Vogelsbergstr	9.35	10.43				12.35			13.43	15.43	16.43	17.43	18.43	19.43	6.12	7.12	10.12	13.12	18.12
Ortenberg-Lißberg, Weinbergstr	9.37																		
Ortenberg-Eckartsborn, Oberdorf	9.42																		
Ortenberg-Eckartsborn, Mitteld	9.44																		
Ortenbg-Eckartsborn, Unterdorf		10.45				12.37			13.45	15.45	16.45	17.45	18.45	19.45	6.14	7.14	10.14	13.14	18.14
Ortenberg, Marktplatz	**9.48**	**10.48**				**12.40**			**13.48**	**15.48**	**16.48**	**17.48**	**18.48**	**19.48**	**6.17**	**7.17**	**10.17**	**13.17**	**18.17**
Ortenberg, Wilhelm-Leuschner-Str	9.49	10.49				12.41			13.49	15.49	16.49	17.49	18.49	19.49	6.18	7.18	10.18	13.18	18.18
Ortenberg-Selters, Molkerei	9.50	10.50				12.42			13.50	15.50	16.50	17.50	18.50	19.50	6.19	7.19	10.19	13.19	18.19
Ortenb-Selters, Abzw Stockheim	9.52	10.52				12.44			13.52	15.52	16.52	17.52	18.52	19.52	6.21	7.21	10.21	13.21	18.21
Ortenbg-Selters, KonradsdorfSchulen			**11.27**		**12.22**			**13.20**											
Ortenberg-Selters, Bahnhof			11.29		12.24			13.22											
Glauburg-Stockheim, Bahnhof	**9.56**	**10.56**	**11.33**		**12.28**	**12.48**		**13.26**	**13.56**	**15.56**	**16.56**	**17.56**	**18.56**	**19.56**	**6.25**	**7.25**	**10.25**	**13.25**	**18.25**

a) An welcher Haltestelle kommt der Bus planmäßig um 12.42 Uhr an?
Wann kommt er an, wenn er 7 Minuten Verspätung hat?

b) Herr Körner will um 16.37 Uhr von Hirzenhain nach Ortenberg (Marktplatz) fahren.
Er verpasst den Bus um 4 Minuten. Wann kommt er an?

c) Frau Altbier möchte spätestens um 19 Uhr in Glauburg-Stockheim sein.
Wann muss sie von Merkenfritz losfahren?

d) Johanna wohnt in Lißberg (Vogelbergstraße) und will am Nachmittag (zwischen 13 und 17 Uhr) zu ihrem Pflegepferd fahren. Der Reitstall ist in Ortenberg und liegt in der Nähe vom Marktplatz. Welche Busverbindung ist die schnellste?

Aufgabe 1

Kreuze in der Tabelle richtig an.

	Zahlen													
Eigenschaften	4	6	7	15	23	44	50	71	140	163	182	199	307	420
gerade														
ungerade														
enthält die Ziffer 3														
gehört zur 2er-Reihe														
gehört zur 3er-Reihe														
gehört zur 6er-Reihe														
durch 5 teilbar														
durch 4 teilbar														
Vielfaches von 10														
Primzahl														

Aufgabe 2

a) Berechne die Aufgaben.

+	326	125	413	222
222				
97				
315				
298				

−	498	709	565	347
711				
899				
944				
1014				

b) Male die Felder in folgenden Farben an:
- rot, wenn die Zahl zwischen 400 und 500 liegt
- gelb, wenn die Zahl kleiner als 400 ist
- grün, wenn die Zahl größer als 500 ist

c) Kennzeichne die Felder außerdem folgendermaßen:
- ◯ für eine gerade Zahl
- ☐ für eine ungerade Zahl
- X für eine Zahl, die durch 4 teilbar ist

Aufgabe 1

a) Schau dir das Bild genau an. Mach in der Tabelle einen Strich für jeden Jungen und für jedes Mädchen.

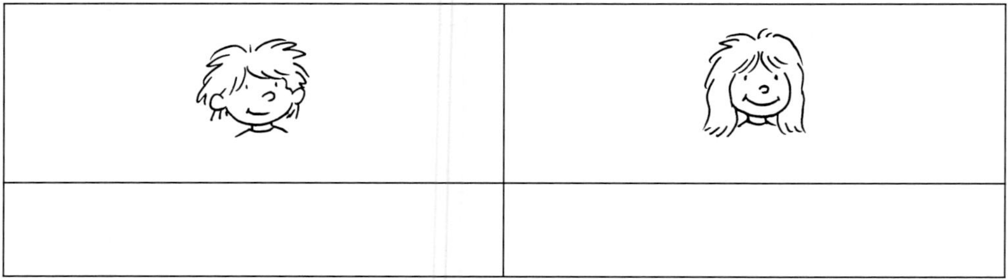

b) Zähle die Striche. Wie viele Jungen und wie viele Mädchen sind es?

Aufgabe 2

Mach in der Tabelle einen Strich für jeden Jungen und für jedes Mädchen deiner Klasse. Notiere, wie viele Jungen und Mädchen es sind.

Striche		
Anzahl		

Aufgabe 1

a) Male für jedes Fahrzeug das richtige Kästchen an.

mit Motor									
ohne Motor									

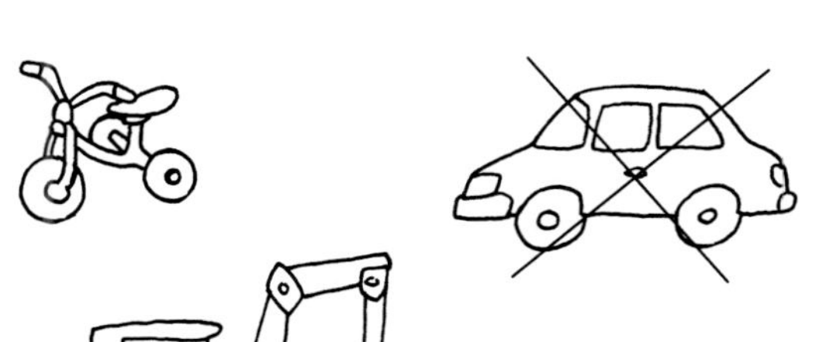

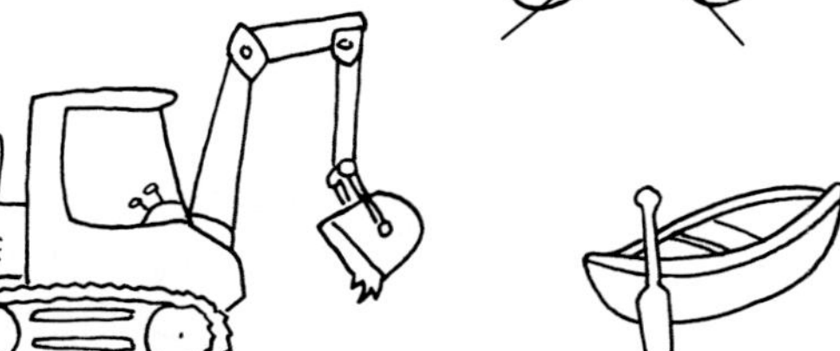

b) Kreuze an ohne zu zählen. Es gibt mehr Fahrzeuge …

mit Motor ☐

ohne Motor ☐

Zähle dann nach.

Aufgabe 2

So kommen die Kinder der 1b zur Schule:

Bus													
zu Fuß													
Auto													

Beantworte folgende Fragen:

a) Wie kommen die meisten Kinder? ____________________

b) Wie viele Kinder gehen zu Fuß? ____________________

c) Wie viele Kinder fahren mit dem Bus? ____________________

d) Wie viele Kinder sind insgesamt in der Klasse? ____________________

Aufgabe 1

Wie viele Tiere jeder Art sind es? Mach Striche und schreibe die Anzahl auf.

Striche							
Anzahl							

Striche							
Anzahl							

Aufgabe 2

Beantworte folgende Fragen:

a) Welche Tierarten kommen am häufigsten vor? ______________________

b) Welche Tierarten kommen am seltensten vor? ______________________

c) Wie viele zweibeinige Tiere gibt es insgesamt? ______________________

d) Gibt es mehr Giraffen oder mehr Kamele? ______________________

Aufgabe 1

Die Klasse 2a wurde zu ihrem Lieblingsgetränk befragt. Nach dem Einsammeln der Zettel lag folgendes Ergebnis vor:

Milch
Orangensaft
Cola
Kakao
Apfelsaft
Limo
Apfelsaft
Kakao
Kakao
Cola
Orangensaft
Cola
Orangensaft
Kakao
Kakao
Milch

Trage für jeden Zettel einen Strich in die Tabelle ein.

Limo	Apfelsaft	Milch	Kakao	Cola	Orangensaft

Aufgabe 2

Zähle nun die einzelnen Striche zusammen. Schreibe ihre Anzahl in die Tabelle.

Limo	Apfelsaft	Milch	Kakao	Cola	Orangensaft

Das Lieblingsgetränk der Klasse 2a ist ______________ .

Diese Art der Darstellung nennt man Strichliste. Der 5. Strich wird diagonal gesetzt, damit die Liste übersichtlich bleibt. 𝍸

Durch Zählen der Striche erhält man die Gesamtanzahl. Danach wird die Strichliste ausgewertet.

Aufgabe 1

a) Betrachte die Abbildung: Was wird dargestellt?

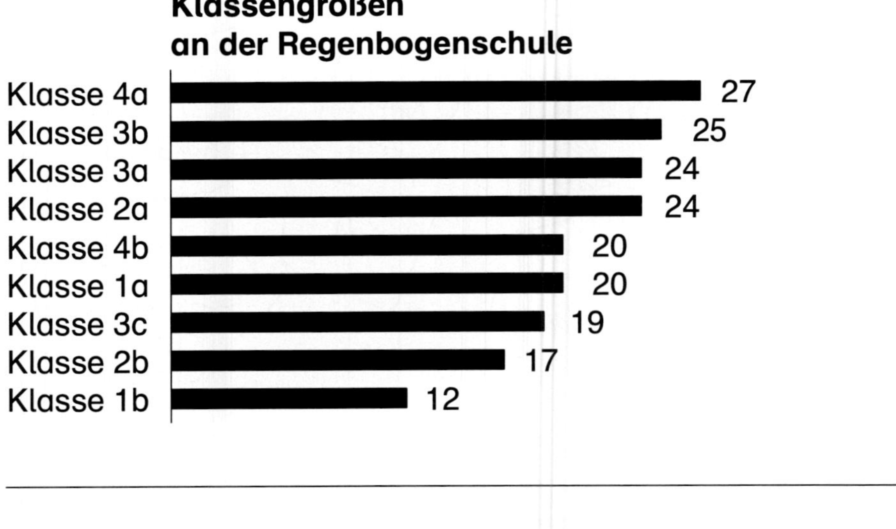

____

____

b) Wie viele Schüler gehen in die 3. Klasse? ________

Diese Art der Darstellung nennt man Balkendiagramm. Die Anzahl kann dort durch die Länge des Balkens leicht abgelesen werden.

Aufgabe 2

Schreibe mithilfe der Tabelle die fehlenden Zahlen und Klassen an die Balken.

Klasse	1a	2a	2b	3a	4a
Anzahl Schüler	15	19	24	20	18

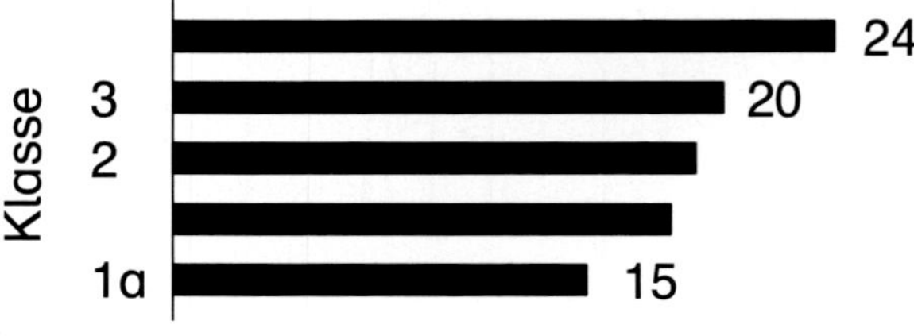

Aufgabe 3

Zeichne selbst ein Balkendiagramm zu den Schülerzahlen deiner Schule.

Aufgabe 1

Führe in deiner Klasse eine Befragung zum Thema „Mein Lieblingstier“ durch. Jeder Schüler erhält einen Zettel. Darauf soll er seinen Namen und sein Lieblingstier schreiben.

a) Werte die Befragung aus: Mach in Tabelle 1 entsprechende Striche. Achte darauf, ob ein Junge oder ein Mädchen den Zettel geschrieben hat.

b) Zähle nun die Striche und schreibe die Anzahl in Tabelle 2.

Tabelle 1: Strichliste

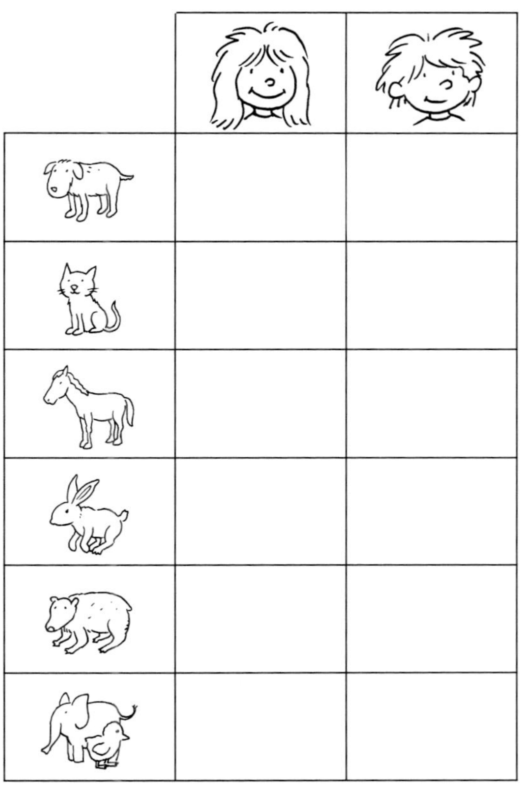

Tabelle 2: Anzahlen

Aufgabe 2

a) Übertrage das Ergebnis in folgendes Diagramm.

Hund	M J
Katze	M J
Pferd	M J
Hase	M J
Bär	M J
Andere	M J

M =

J =

b) Welches Tier wurde von den Jungen am wenigsten genannt? ____________

Welches Tier ist das Lieblingstier von den meisten Mädchen? ____________

Aufgabe 1

In folgender Abbildung ist ein so genanntes *Stabdiagramm* dargestellt.

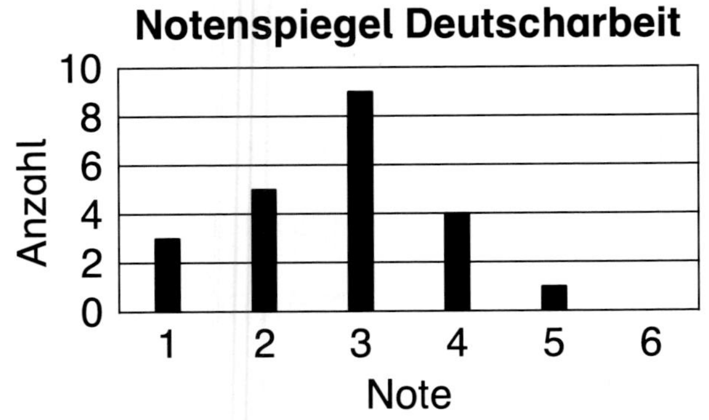

a) Beschreibe, was man in dem Diagramm erkennen kann.

b) Wie viele Schüler haben eine Eins geschrieben?

Kam die Note öfter oder seltener vor als eine vier?

Aufgabe 2

Max geht in die 4. Klasse und hat die Noten seiner Mathematikarbeiten aus den letzten beiden Jahren aufgeschrieben:
2, 2, 3, 1, 2, 4, 2, 3, 1, 3, 3, 2

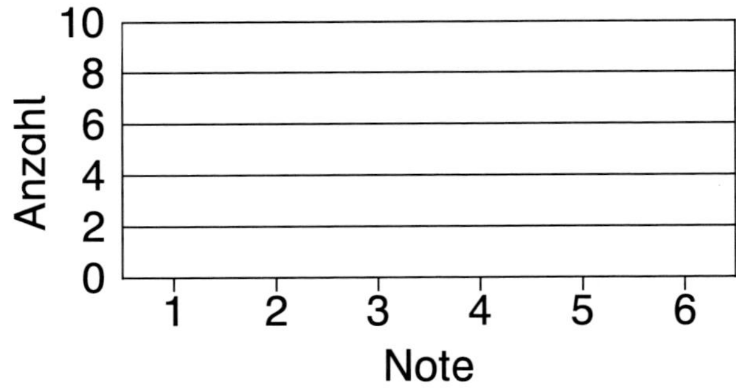

a) Übertrage diese Daten in das Stabdiagramm.

b) Welche Note hat er am häufigsten geschrieben?

Das Stabdiagramm ist eine Möglichkeit, die Ergebnisse übersichtlich und anschaulich darzustellen. Die Höhe des Stabes gibt an, wie häufig eine Größe vorkommt.

Aufgabe 1

Luca hat eine Schwester bekommen.
Alle zwei Monate misst er ihre Größe.

Nach einem Jahr hat er folgende Größen aufgeschrieben:

Datum	10.9.	8.11.	10.1.	9.3.	23.5.	12.7.	11.9.
Größe in cm	52	57	65	67	72	75	79

a) Der Arzt hat dieselben Werte gemessen und für das erste halbe Jahr in ein Liniendiagramm eingetragen. Trage die fehlenden Werte ein.

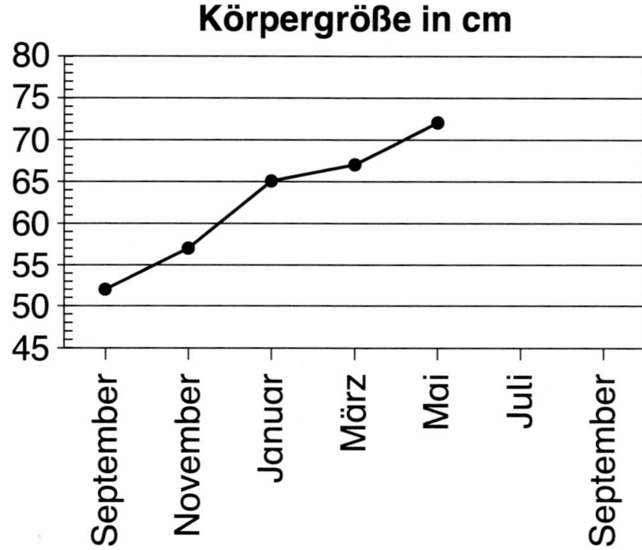

b) Wie viele Zentimeter ist Lucas Schwester im ersten Jahr gewachsen? ____________

In welchen zwei Monaten machte sie den größten Wachstumsschub? ____________

Diese Art der Darstellung nennt man Liniendiagramm. Jeder Wert wird durch einen Punkt angegeben. Anschließend werden die Punkte durch eine Linie verbunden.

Aufgabe 2

Was kann man an einem Liniendiagramm besonders gut erkennen?

____

Aufgabe 1

Finde heraus, wie groß und wie schwer du zu verschiedenen Zeitpunkten in deinem ersten Lebensjahr gewesen bist. Trage diese Daten in die Tabelle ein.

Geburtstag: __.__.___

Zeitpunkt in Monaten	1	2	3	4	5	6	7	8	9	10	11	12
Größe in cm												
Gewicht in g												

Aufgabe 2

Zeichne die Werte in die Liniendiagramme.

Körpergröße in cm

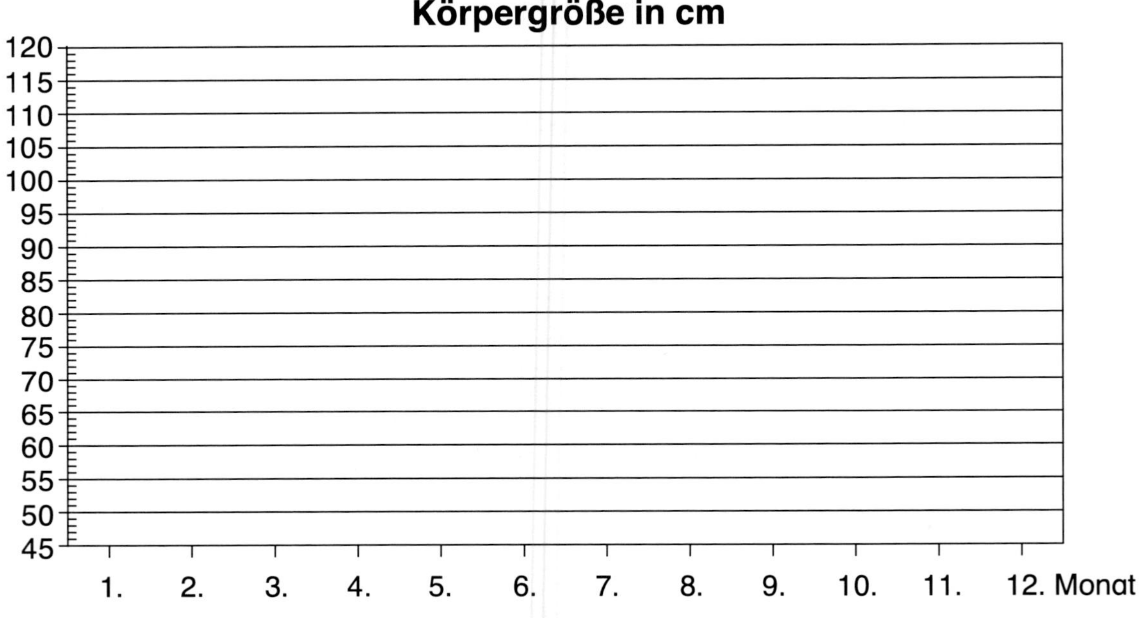

Körpergewicht in g

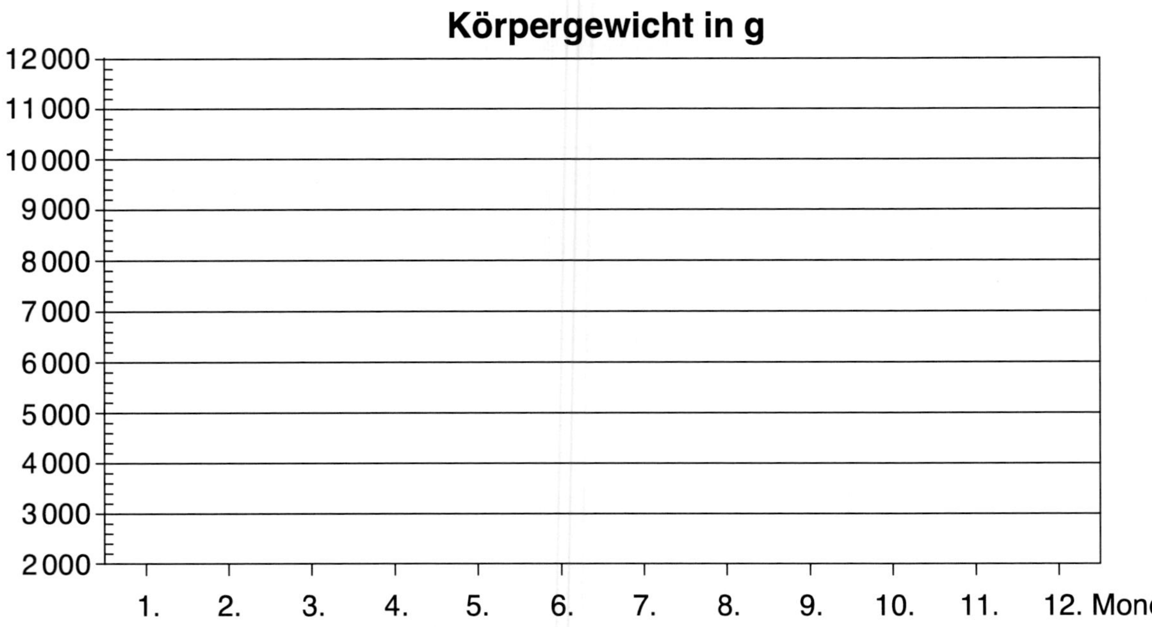

Aufgabe 1

In folgender Abbildung ist ein Säulendiagramm dargestellt. Es zeigt den Bestand an verschiedenen Kraftfahrzeugen im Januar 2005.

Pkws wurden nicht mit in die Grafik aufgenommen. Von ihnen gab es 23 236 000.

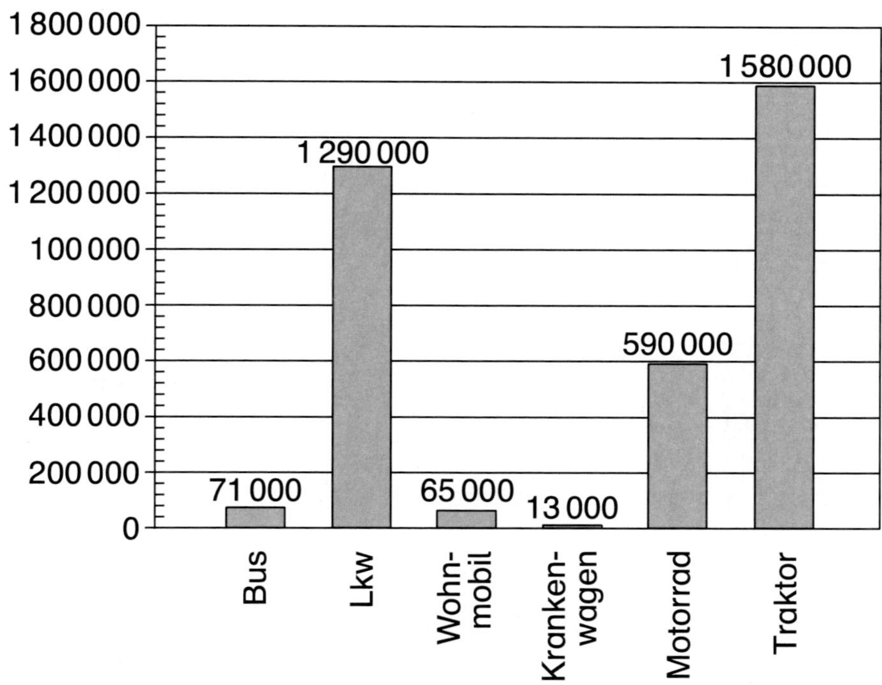

Beantworte folgende Fragen:

a) Gab es mehr Traktoren oder Lkws? ______________________

b) Berechne den Unterschied zwischen der Anzahl an Bussen und an Wohnmobilen. ______________________

c) Gab es mehr Pkws oder mehr andere Kraftfahrzeuge? ______________________

Aufgabe 2

Vervollständige die angefangenen Sätze.

a) Die Höhe einer Säule gibt die jeweilige ____________ an.

b) Betrachtet man alle Säulen gleichzeitig, so erkennt man schnell die ____________ zwischen den Anzahlen.

c) Man kann sofort sagen, was am ____________ und was am ____________ vorkommt.

d) Säulendiagramme eignen sich gut zur Darstellung ____________ Zahlen.

Aufgabe 1

Betrachte das abgebildete Diagramm.
Es zeigt die Stundentafel einer 4. Klasse.

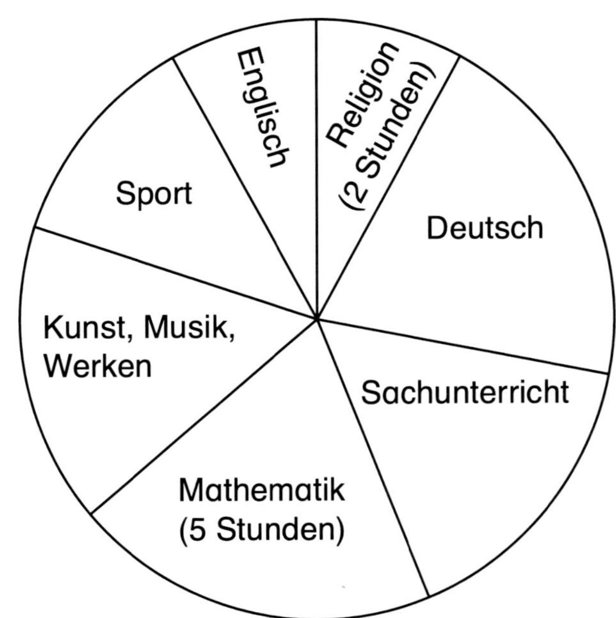

a) In welchen Fächern erhält die Klasse die wenigsten Stunden? ____________

b) In welchen Fächern erhält die Klasse die meisten Stunden? ____________

c) Wie viele Stunden erhalten die Schüler im Fach Sport? ____________

d) Wie viele Stunden hat die 4. Klasse insgesamt pro Woche? ____________

Kreisdiagramme zeigen sehr anschaulich, was den größten Anteil vom Ganzen hat. Sie kommen auch häufig in der Zeitung vor, beispielsweise um den Ausgang einer Wahl darzustellen.

Aufgabe 2

Für einen Kinder-Cocktail werden die angebenen Säfte benötigt.
Insgesamt sind es 2 Liter Saft.

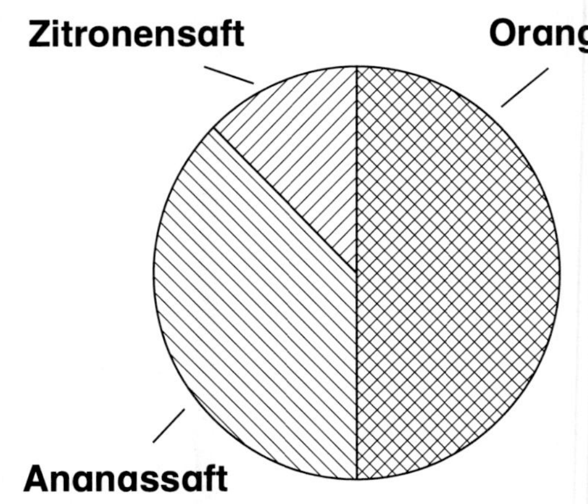

Beantworte folgende Fragen:

a) Wie viel Liter Orangensaft braucht man? ____________

b) Wie viel Liter Ananassaft werden benötigt? ____________

c) Wievielmal mehr Ananassaft als Zitronensaft muss hinzugegeben werden? ____________

Aufgabe 1

Führe in einer Klasse an deiner Schule eine Umfrage zum Fernsehverhalten durch.

a) Entwirf dazu einen Fragebogen. Erfrage das Geschlecht und wähle aus den folgenden Fragen noch 3 aus.

- Wie viele Stunden siehst du ungefähr täglich fern?
- Welche Art von Fernsehsendungen guckst du am meisten?
- Wer in der Familie bestimmt am Abend das Programm?
- Was ist deine Lieblingssendung?
- Was machst du in deiner Freizeit am liebsten?

Nun lass den Fragebogen von allen Schülern der Klasse ausfüllen.

b) Entwirf zu jeder Frage eine sinnvolle Tabelle und füll sie mithilfe einer Strichliste aus.

Beispiel:

Fernsehsendungen	Serie	Krimi	Nachrichten	Quizshow	Sport	...
Anzahl Jungen						
Anzahl Mädchen						

Aufgabe 2

Fertige zu jeder Frage ein Säulendiagramm an. Trag die Werte entsprechend ein.

Beispiel:

Wie viele Stunden siehst du fern?

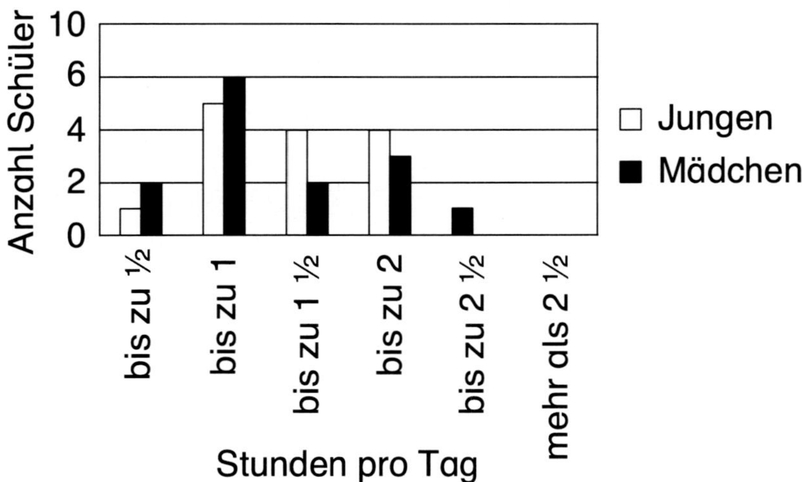

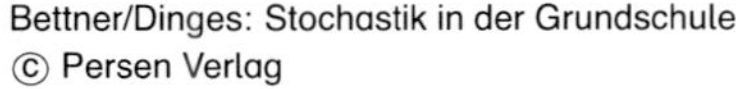

Aufgabe 1

a) Nimm einen Würfel und würfle 20-mal. Trag die Ergebnisse in die Tabelle ein.

Striche						
Anzahl						

b) Wiederhole den Versuch.

Striche						
Anzahl						

c) Welche Augenzahl kam jeweils am häufigsten vor?
Vergleiche deine Ergebnisse mit denen deiner Mitschüler.
Was fällt euch auf?

Aufgabe 2

a) Wirf 10-mal eine Münze. Trage die Ergebnisse wie oben in die Tabelle ein.
Wiederhole den Versuch 3-mal.

1. Versuch	

2. Versuch	

3. Versuch	

4. Versuch	

b) Kam bei den einzelnen Versuchen Wappen () oder Zahl ( ) häufiger vor?

Aufgabe 1

Führe eine Verkehrszählung durch. Suche dir dabei eine beliebige Straße aus. Beobachte die vorbeifahrenden Fahrzeuge genau 10 Minuten lang und notiere mithilfe einer Strichliste die Anzahlen. Gib dann die Häufigkeiten an.

Verkehrsteilnehmer	Striche	Häufigkeit
Auto		
Fahrradfahrer		
Lkw		
Motorrad		
Bus		
Fußgänger		
sonstige Fahrzeuge		

Welche Fahrzeugart fuhr am häufigsten vorbei? ______________________

Aufgabe 2

Führe an deiner Schule frühmorgens eine Verkehrszählung durch. Zähle wie oben 10 Minuten lang die Verkehrsteilnehmer zunächst durch eine Strichliste. Gib dann die Häufigkeiten an.

Verkehrsteilnehmer	Striche	Häufigkeit
Auto		
Fahrradfahrer		
Lkw		
Motorrad		
Bus		
Fußgänger		
sonstige Fahrzeuge		

Welcher Verkehrsteilnehmer kann am häufigsten vor? ______________________

Wie lassen sich die Unterschiede erklären? ______________________

Aufgabe 1

Hannes schreibt am Montag in sein Tagebuch:

„Am Sonntag habe ich morgens die Kaninchen gefüttert. Anschließend bin ich mit dem Fahrrad zum Spielplatz gefahren, um mich mit Sarah und Julian zu treffen. Dort haben wir bis zum Mittagessen gespielt. Als ich zu Hause war, fing es an zu regnen. Deshalb bin ich in meinem Zimmer geblieben und habe in einer Fußball-Zeitschrift gelesen. Abends habe ich dann noch eine Stunde fern gesehen. Bevor ich ins Bett gegangen bin, musste ich den Kaninchen noch einmal Wasser und etwas Heu geben.

Heute bin ich mit dem Rad zur Schule gefahren. Nach der Schule habe ich Besuch von Julian bekommen, der heute auch mit dem Fahrrad da war. Wir haben fast den ganzen Nachmittag im Garten mit den Kaninchen gespielt und zusammen den Stall ausgemistet. Als Julian nach dem Abendbrot nach Hause musste, habe ich noch ein Kapitel in „Der geheime Palmengarten" gelesen."

Tätigkeit	Tag: Sonntag	Tag: Montag	Häufigkeiten
Fahrrad fahren	||		
lesen			
Freunde treffen			
fernsehen	|		
Haustiere versorgen			*3*
draußen spielen			
drinnen spielen			
Spielplatz besuchen	|		*1*

Trage fehlende Striche und Häufigkeiten ein.

Aufgabe 2

a) Was machst du in deiner Freizeit? Zeichne die Tabelle ab und trage Striche und Häufigkeiten ein.

Was hast du an den beiden Tagen in deiner Freizeit am häufigsten gemacht?

b) Beobachte nochmals dein Freizeitverhalten an 2 Tagen. Mache diesmal nur einen Strich, wenn du die Tätigkeit mindestens eine Viertelstunde lang ausgeübt hast.

Was hast du jetzt am häufigsten gemacht? 

Aufgabe 1

Die abgebildete Tabelle gibt an, wie viele Kinder unter 15 Jahren im Straßenverkehr verunglückt oder getötet wurden.

	Verunglückte Kinder			Getötete Kinder		
	zu Fuß	Fahrrad	Pkw	zu Fuß	Fahrrad	Pkw
1978	27 000	22 732	18 489	701	411	273
1980	24 262	21 369	15 861	549	314	249
1994	15 346	17 774	16 682	138	105	164
1999	12 857	17 111	16 348	84	80	139
2003	10 625	14 000	13 473	50	47	93

Beantworte mithilfe der Tabelle folgende Fragen:

a) Wie hoch war die Anzahl der Kinder, die im Jahr 1994 als Fußgänger getötet wurden? ____________

b) Ist die Zahl von verunglückten Kindern im Pkw zwischen 1980 und 1994 gestiegen oder gesunken? ____________

Um wie viele Kinder? ____________

c) Welche Art der Verkehrsbeteiligung war für die Kinder in den einzelnen Jahren die häufigste Todesursache?

1978: ____________

1980: ____________

1994: ____________

1999: ____________

2003: ____________

Wie lassen sich die Veränderungen erklären?

Aufgabe 2

a) Trage in das Liniendiagramm die Häufigkeiten der verunglückten Kinder ein.

- weiß: Fußgänger
- grau: Fahrrad
- schwarz: Pkw

b) Bei welcher Fortbewegungsart ist der Rückgang an Unfällen am größten?

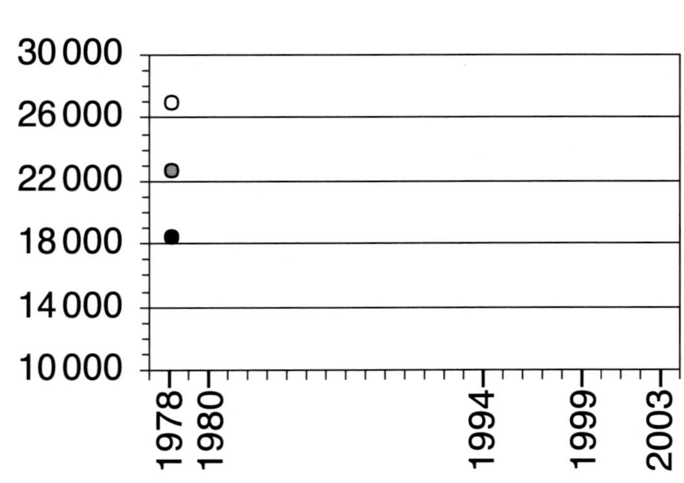

Aufgabe 1

Oft liest man in der Zeitung, dass Kinder viel zu viel fernsehen. Man vermutet, dass 6- bis 13-Jährige *durchschnittlich* etwa 3 Stunden pro Tag vor dem Fernseher verbringen.

Sascha, Michael und Bianca unterhalten sich und stellen Folgendes fest:
Sascha hat am Vortag vier Stunden, Michael eine Stunde und Bianca auch eine Stunde Fernsehen geschaut.

„Das sind im Durchschnitt genau 2 Stunden!", sagt Bianca.
Überlege, wie sie zu dieser Aussage kommt.

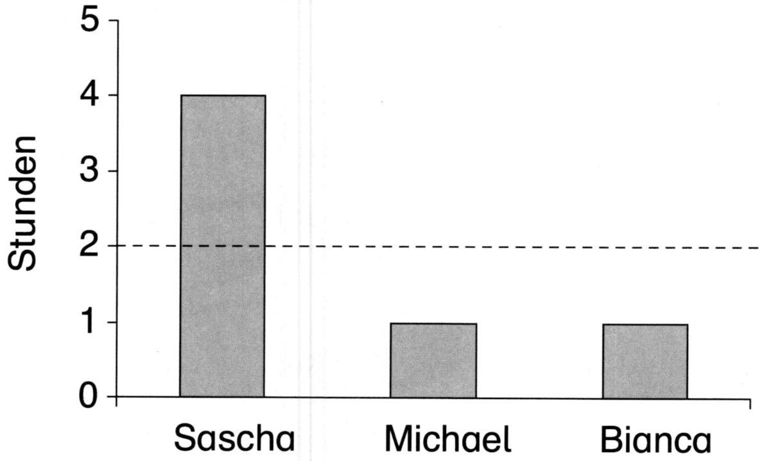

Der Mittelwert (auch Durchschnitt genannt) beschreibt die mittlere Größe von verschiedenen Werten. Er wird berechnet, indem man die gegebenen Größen addiert und diese Summe durch deren Anzahl teilt.

Aufgabe 2

Sechs Freunde unterhalten sich darüber, wie viel Zeit sie gestern vor dem Fernseher verbracht haben. Es waren 10 Minuten, 60 Minuten, 20 Minuten, 15 Minuten, 0 Minuten und 15 Minuten.

Wie lange sahen sie durchschnittlich fern? ________________

Aufgabe 3

Bei der letzten Mathematikarbeit gab es folgenden Notenspiegel:

Note	1	2	3	4	5	6
Anzahl	2	7	10	5	2	1

Jörn behauptet, dass seine Note „Drei" über dem Durchschnitt liegt. Stimmt das?

ja ☐

nein ☐

Berechne den Durchschnitt. ________________

Aufgabe 1

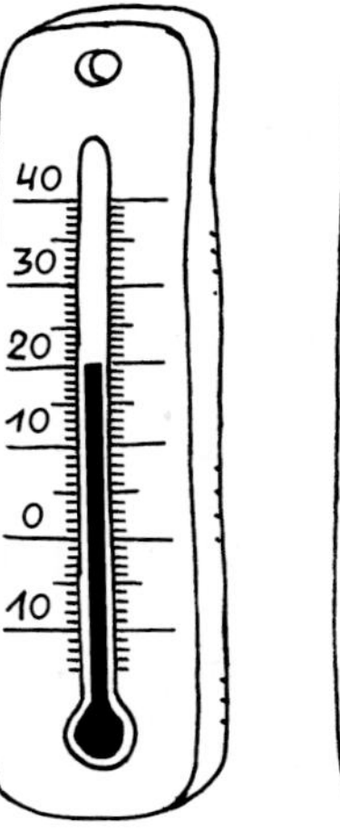

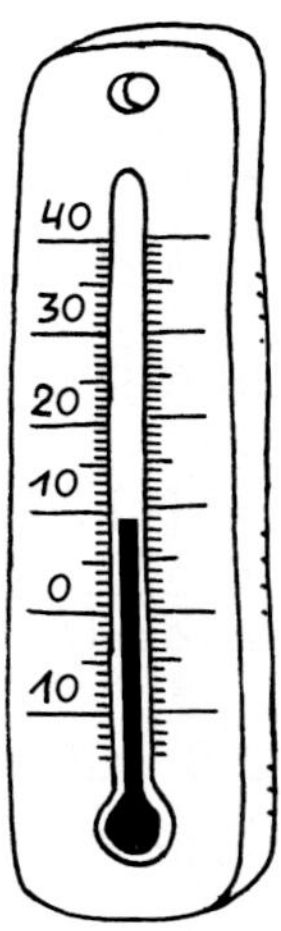

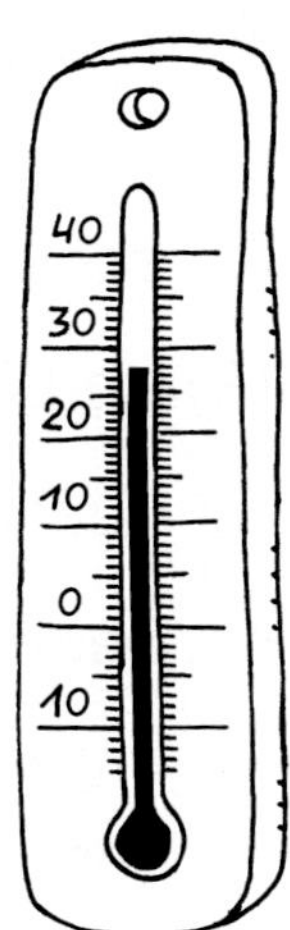

Am Montag, Dienstag und Mittwoch wurden um 12.00 Uhr folgende Temperaturen erreicht:

Montag: _____ °C

Dienstag: _____ °C

Mittwoch: _____ °C

Wie hoch war die durchschnittliche Temperatur?

____

Aufgabe 2

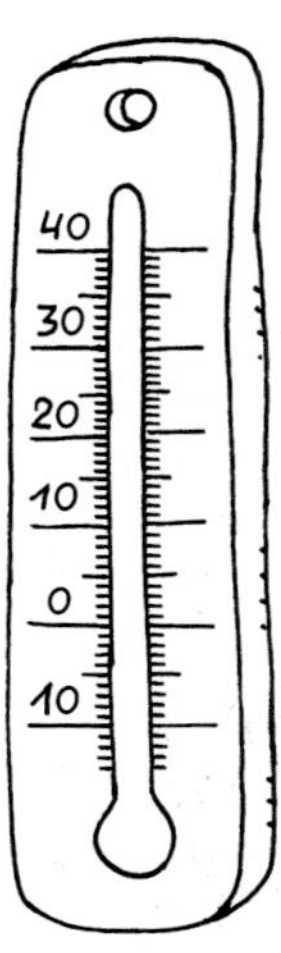

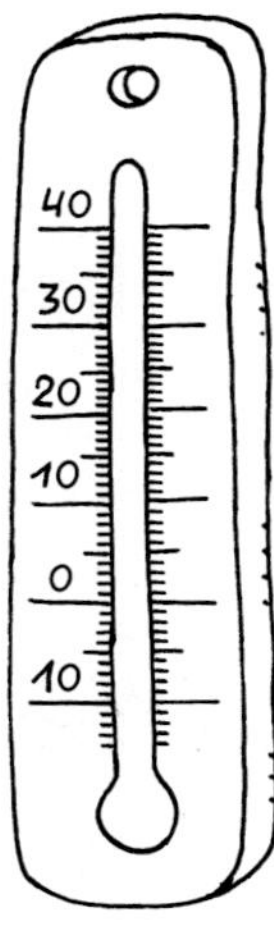

Zeichne die Temperatur an drei aufeinander folgenden Tagen ein und berechne die Durchschnittstemperatur.

Datum	Temperatur

Durchschnittstemperatur _______

Aufgabe 3

a) Finde heraus, wie viele Klassen es an deiner Schule gibt. Schreibe in einer Tabelle die jeweilige Anzahl der Mädchen, der Jungen und die Klassengröße auf.

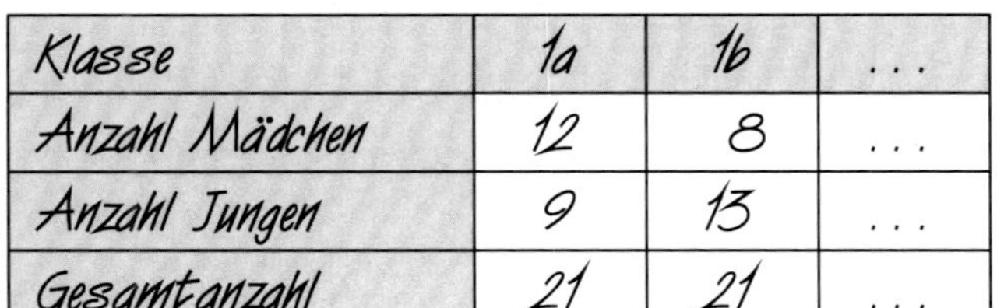

Klasse	1a	1b	...
Anzahl Mädchen	12	8	...
Anzahl Jungen	9	13	...
Gesamtanzahl	21	21	...

b) Berechne folgende Mittelwerte:

- Durchschnittliche Klassengröße: _______ Schülerinnen und Schüler
- Durchschnittliche Anzahl von Mädchen in einer Klasse: _______ Schülerinnen
- Durchschnittliche Anzahl von Jungen in einer Klasse: _______ Schüler

Aufgabe 1

Luca sagt: „Die meisten Leute achten an Fußgängerampeln überhaupt nicht darauf, ob Rot oder Grün angezeigt wird."

Überprüfe seine Behauptung, indem du eine Stichprobe durchführst.

a) Suche dir eine beliebige Ampelanlage.

b) Beobachte 20 Minuten lang die Ampel.

c) Trage in die Tabelle ein, wie viele Menschen bei roter und wie viele bei grüner Ampel die Straße überqueren.

Datum: __.__.___	**Anzeige Ampel** Rot	Grün
Strichliste		
Anzahl		

d) Wiederhole den Versuch an 4 Tagen zu unterschiedlichen Uhrzeiten.

Datum: __.__.___	**Anzeige Ampel** Rot	Grün
Strichliste		
Anzahl		

Datum: __.__.___	**Anzeige Ampel** Rot	Grün
Strichliste		
Anzahl		

Datum: __.__.___	**Anzeige Ampel** Rot	Grün
Strichliste		
Anzahl		

Aufgabe 2

a) Wie viele Personen sind an den 4 Tagen insgesamt bei Rot über die Straße gegangen?

____

b) Berechne nun den Durchschnitt der Personen, die bei Rot die Straße überquert haben.

	1. Tag	**2. Tag**	**3. Tag**	**4. Tag**	**Durchschnitt**
Anzahl (Rot)					

Aufgabe 1

Welches Bild passt nicht in die Reihe? Streiche es durch.

a)     

b)     

c)     

d) H T W 1 P

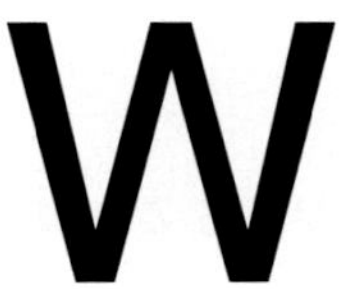

Aufgabe 2

Ordne die Bilder in die richtige Reihenfolge.

Aufgabe 1

Male jeden Hut in einer anderen Farbe aus.
Wähle 2 Hüte für die Faschingsfeier aus.
Male alle Möglichkeiten auf, die es gibt, zwei Hüte auszuwählen.

Wie viele Möglichkeiten hast du? ____________

Aufgabe 2

Male jede Tasse und jeden Teller in einer anderen Farbe aus.
Für dein Frühstück stellst du Tassen und Teller zusammen.
Male alle Möglichkeiten auf.

Wie viele unterschiedliche Gedecke kannst du zusammenstellen? ____________

Aufgabe 3

Max darf sich von diesen Spielzeugautos zwei aussuchen.

A B C D

a) Schreibe alle Möglichkeiten auf das Arbeitsblatt.

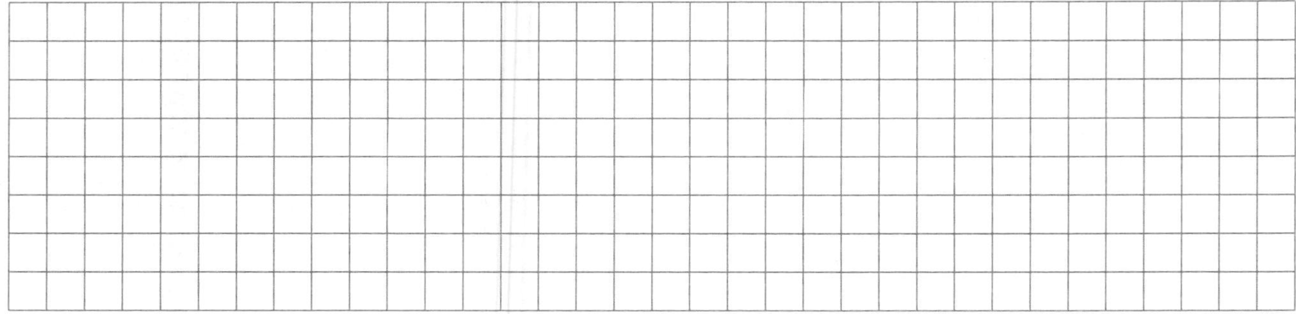

b) Wie viele Auswahlmöglichkeiten hat er? ____________

Aufgabe 1

Wie gehen die Reihen weiter? Vervollständige.

a) AA BB CC DD ________ ________ ________

b) 11 12 13 14 ________ ________ ________

c) 18 16 14 12 ________ ________ ________

d) G HH III JJJJ ________ ________ ________

Aufgabe 2

Wie drehen sich die Räder? Zeichne die Pfeilspitzen ein.

a)

b)

c)

d)

Aufgabe 3

Wie viele Wörter kannst du aus den Silben bilden?

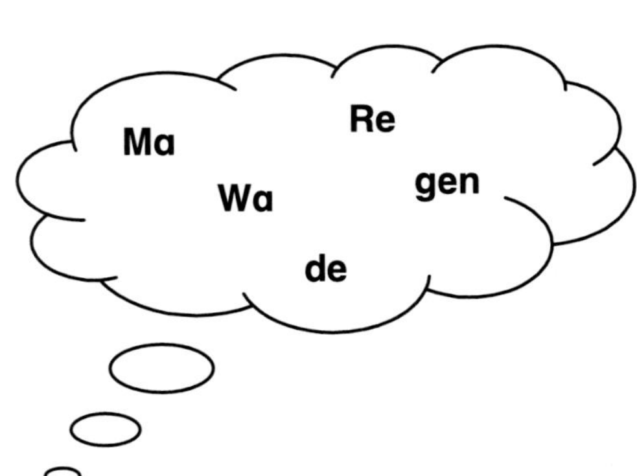

a) Versuche, die Anzahl im Kopf zu bestimmen.

________ Wörter

b) Schreibe zur Kontrolle alle Wörter auf.

____

____

Aufgabe 1

Lea hat rote und blaue Bausteine.
Sie baut verschiedene Türme aus jeweils drei Bausteinen.

a) Male alle Türme auf, die entstehen können.

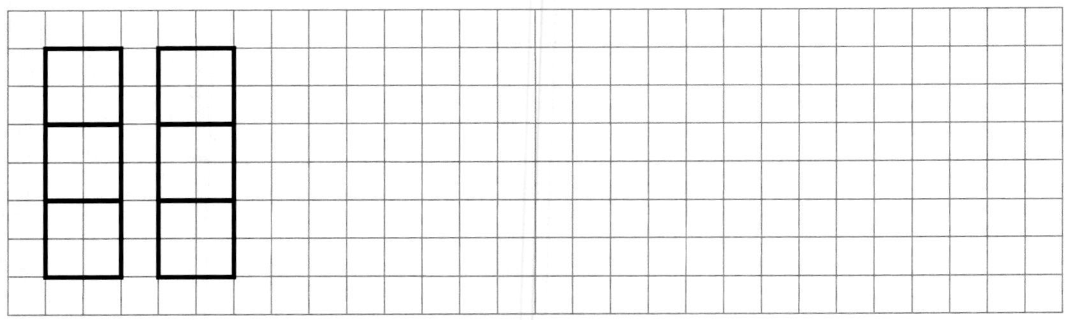

b) Wie viele unterschiedliche Türme können entstehen? ____________

Aufgabe 2

Stelle verschiedene Züge aus Lokomotive und einem Wagon zusammen.

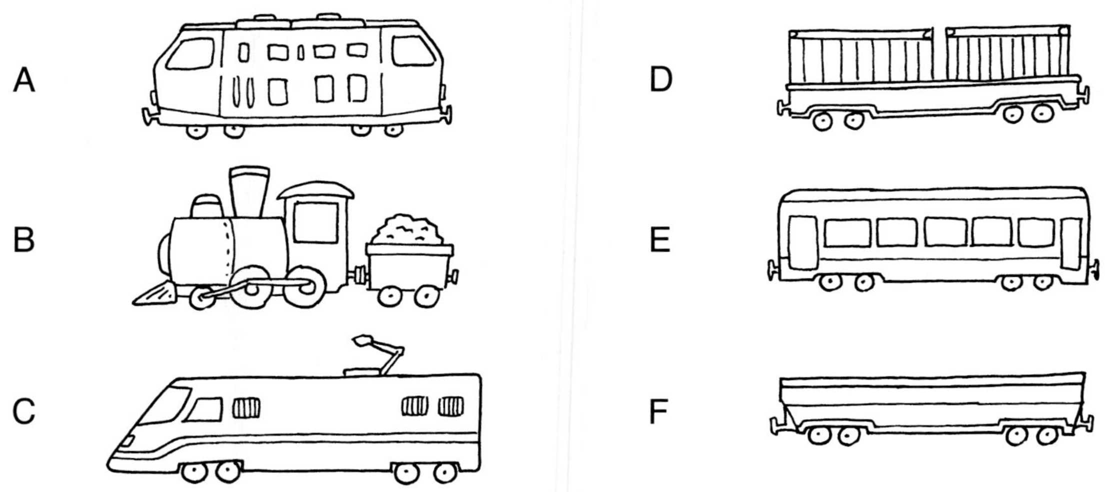

a) Schreibe alle verschiedenen Zusammenstellungen auf. *Beispiel: AD*

____

b) Wie viele verschiedene Zusammenstellungen gibt es? ____________

Aufgabe 3

Bei einem Eis-Verkäufer gibt es die Sorten Vanille, Schokolade und Erdbeere.
Du darfst dir zwei Kugeln aussuchen, möchtest aber keine Sorte doppelt kaufen.
Wie viele Möglichkeiten hast du? Schreibe alle auf.

Aufgabe 1

Eine Postkarte zu verschicken kostet 45 Cent.

Du hast folgende Briefmarken:

a) Schreibe alle Möglicheiten auf, die Marken zu kombinieren.

____

b) Wie viele Möglichkeiten gibt es? __________

Aufgabe 2

Melanie bekommt von ihrer Mutter zum Einkaufen 5,37 €. Sie hat einen Schein und 6 Münzen.

a) Finde heraus, welche Münzen und wie viel von jeder Sorte Melanie eingesteckt hat.

Schreibe alle Möglichkeiten auf, die es gibt.

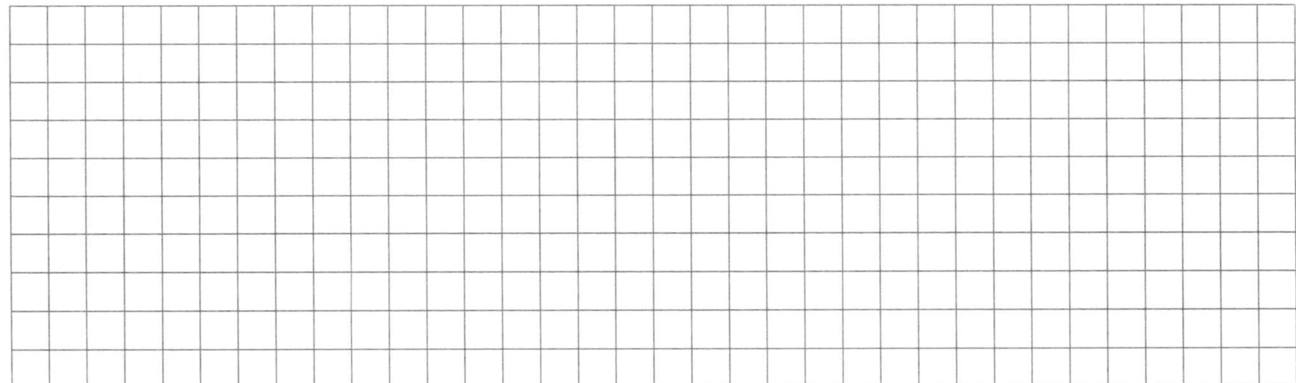

b) Wie viele sind es? __________

Aufgabe 3

Von einem Knäuel soll eine Schnur von 2,40 m Länge abgeschnitten werden.
Du hast eine Messlatte von 30 cm und eine von 40 cm Länge.
Wie viele Möglichkeiten gibt es, 2,40 m abzumessen? Schreibe alle auf.

____

____

____

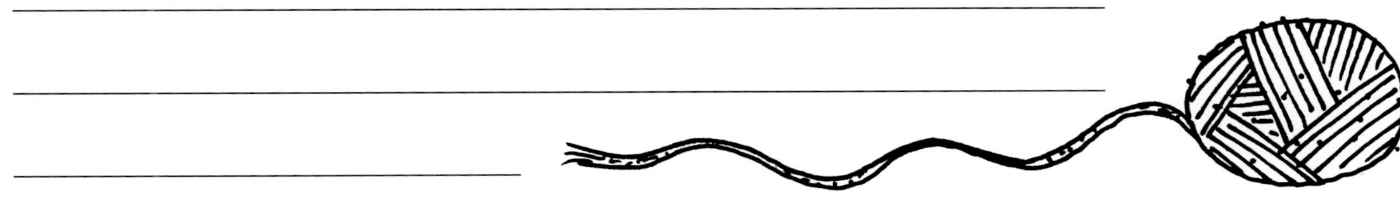

Aufgabe 1

Ein Bauer hat auf seinem Hof Hühner und Schweine.

Du weißt:

- Hühner haben ________ Beine.
- Schweine haben ________ Beine.

Vervollständige die Tabellen.

a)

	Anzahl Tiere	Anzahl Beine
Hühner	10	20
Schweine	15	60
insgesamt	25	

b)

	Anzahl Tiere	Anzahl Beine
Hühner	20	
Schweine	25	
insgesamt	45	

c)

	Anzahl Tiere	Anzahl Beine
Hühner		66
Schweine		196
insgesamt		

Aufgabe 2

Ein Bauer besitzt insgesamt 20 Tiere, die zusammen 60 Beine haben.
Finde heraus, wie viele Hühner und Schweine er jeweils hat.

	Anzahl Tiere	Anzahl Beine
Hühner		
Schweine		
insgesamt		

Aufgabe 1

Karl möchte durch einen Park gehen. Dieser besitzt 3 Eingänge (Tor A–C) und 5 Ausgänge (Tor 1–5).

Wie viele Möglichkeiten hat er, den Park zu durchqueren?

a) Zeichne verschiedene Möglichkeiten mit unterschiedlichen Farben in das Bild.

b) Schreibe sie auf. Kombiniere immer nur Buchstaben mit Zahlen. *Beispiel: A1*

____

c) Wie viele Möglicheiten sind es insgesamt? ____________

Aufgabe 2

Die Maus Nepomuk möchte aus dem Labyrinth heraus. Sie kann allerdings nur abwärts gehen.

Wie viele Wege gibt es? ____________

Aufgabe 3

Im Turnverein „TSV Sportskanonen“ sind 40 Mitglieder.
Marco behauptet:
„Es gibt mindestens einen Monat im Jahr, in dem mindestens 4 Mitglieder Geburtstag haben.“ Stimmt das?

ja ☐

nein ☐

Begründe deine Antwort.

Aufgabe 1

Die Klasse 3e soll freitags vier Stunden Unterricht bekommen: eine Stunde Deutsch, eine Stunde Religion und zwei Stunden Mathematik.

a) Schreibe vier verschiedene Möglichkeiten für einen Stundenplan auf.

	Freitag	Freitag	Freitag	Freitag
1. Stunde				
2. Stunde				
3. Stunde				
4. Stunde				

b) Schätze, wie viele Möglichkeiten es insgesamt gibt. ________

Aufgabe 2

a) Gib alle Möglichkeiten an, indem du dieses Baumdiagramm ausfüllst. Achte darauf, dass du nicht zweimal die gleiche Möglichkeit angibst.

Verwende beim Eintragen folgende Abkürzungen:

- **M** für Mathematik
- **D** für Deutsch
- **R** für Religion

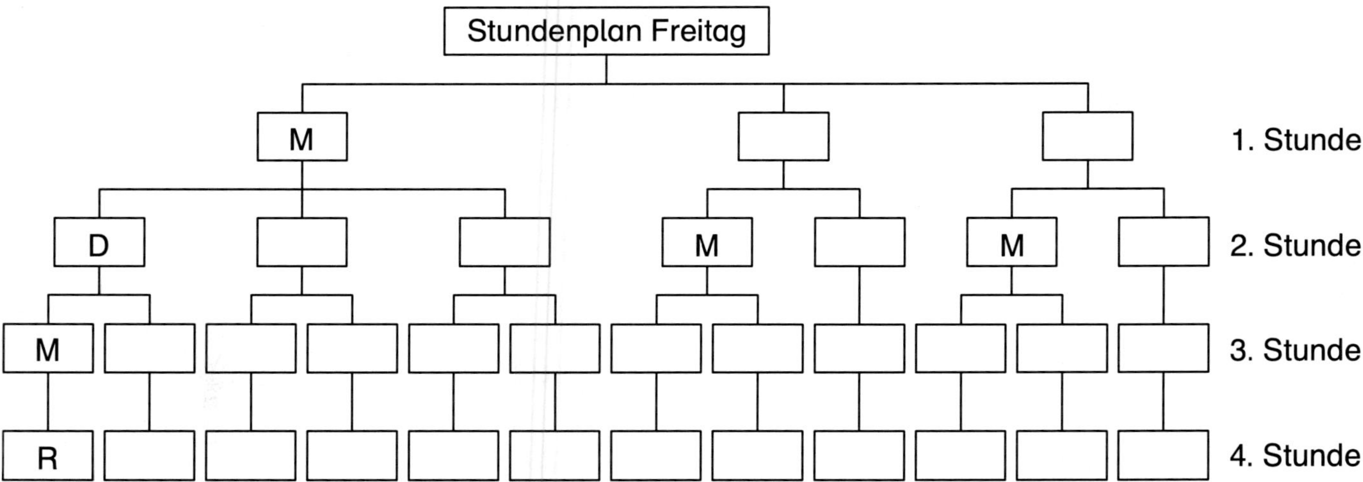

b) Wie viele Möglichkeiten für verschiedene Stundenpläne gibt es also? ________

Aufgabe 1

Betrachte die dargestellten Glücksräder. Würdest du auf Weiß oder auf Schwarz setzen? Schreibe die Farbe unter das jeweilige Glücksrad.

1.

2.

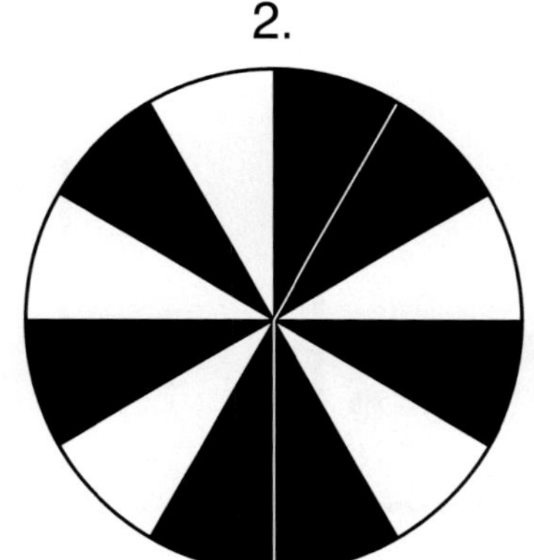

3.

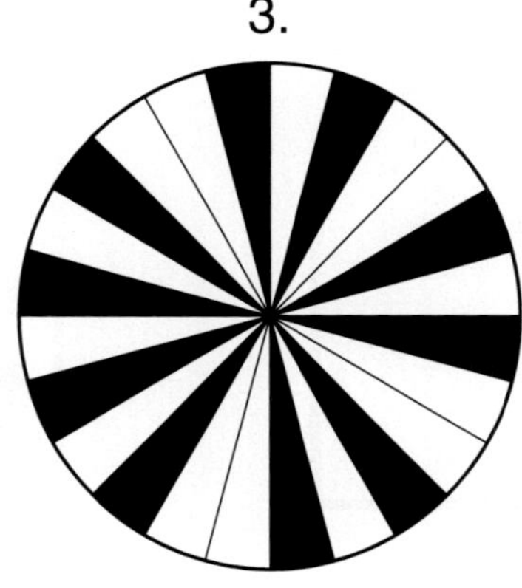

4.

5.

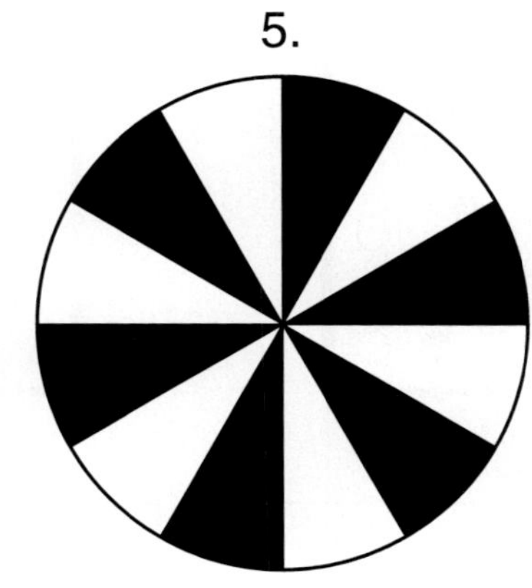

6.

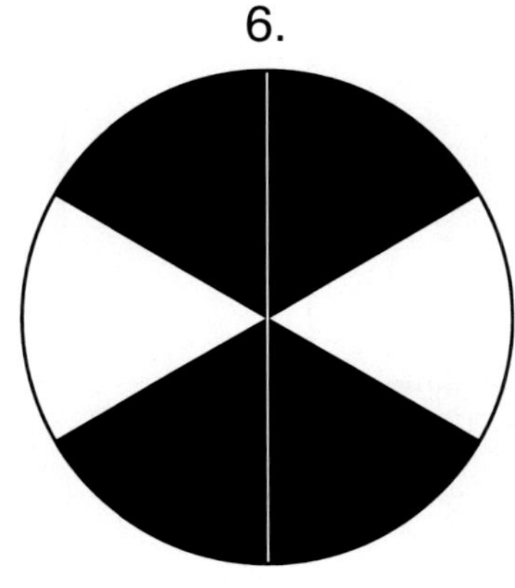

Aufgabe 2

Ein Glückrad hat folgende Aufteilung:

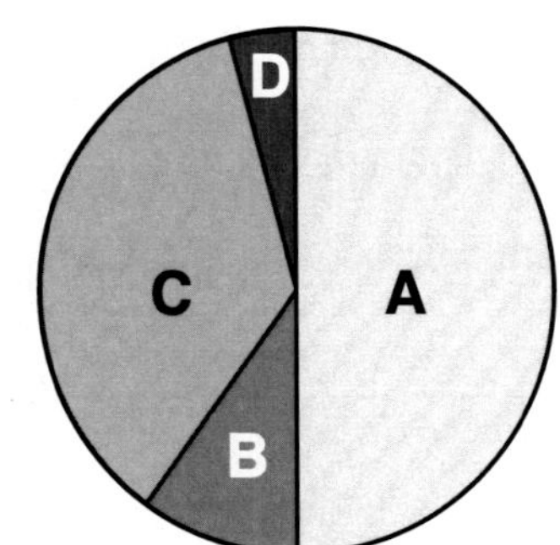

Welchen Buchstaben würdest du auswählen? ______________

Begründe deine Entscheidung.

____

____

Aufgabe 1

In den abgebildeten Gefäßen befinden sich schwarze und weiße Kugeln.

Tippe jeweils, welche Farbe als Nächstes gezogen wird, und schreibe sie jeweils unter die Abbildungen.

1.

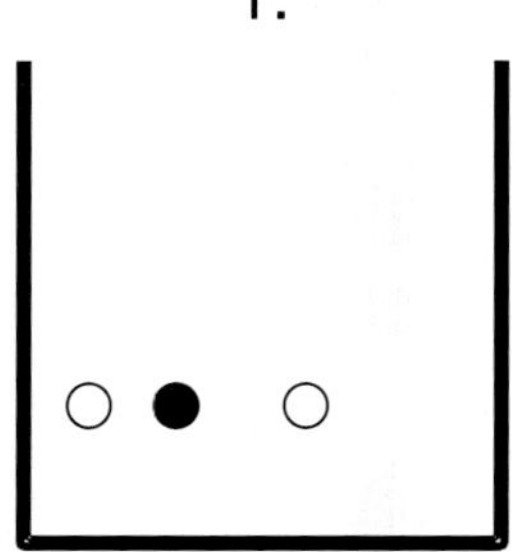

2.

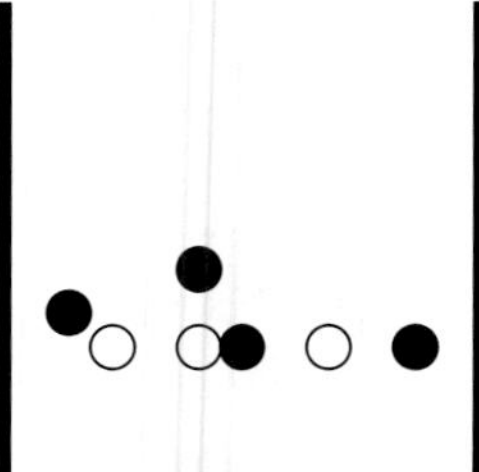

3.

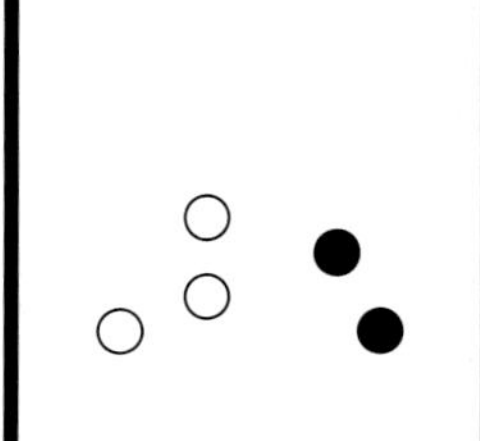

4.

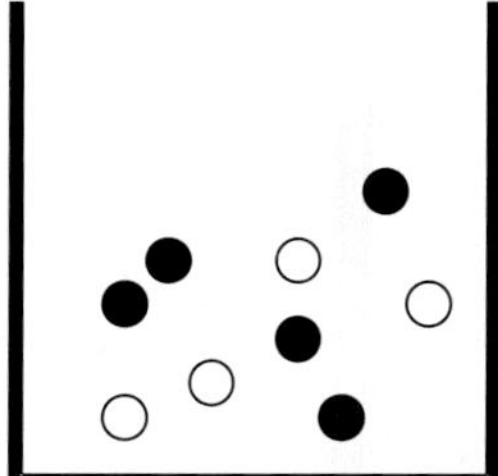

5.

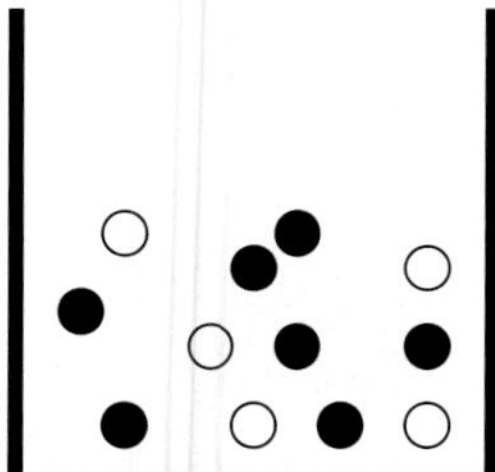

6.

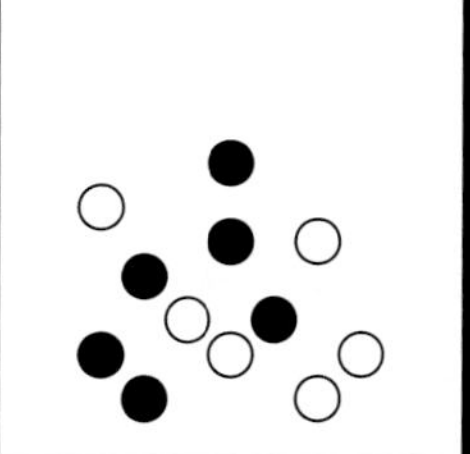

Aufgabe 2

In einem Gefäß befinden sich 10 rote und 9 schwarze Kugeln.

Als erstes wird eine rote, dann eine schwarze, dann eine rote und als letztes wieder eine rote Kugel gezogen.

Tippe die Farbe der Kugel, die als Nächstes gezogen wird. ____________

Begründe deine Einscheidung.

Aufgabe 1

a) Würfle mit zwei Würfeln 30-mal und trage die Ergebnisse in die Tabelle ein.

Augensumme	2	3	4	5	6
Striche					
Anzahl					

Augensumme	7	8	9	10	11	12
Striche						
Anzahl						

b) Vergleiche die Ergebnisse mit denen deiner Mitschüler. Was fällt dir auf?

____

____

Aufgabe 2

Bei einem Schulfest können die Schüler einen Preis gewinnen.
Sie müssen dazu auf eine Augensumme tippen,
die beim nächsten Wurf mit zwei Würfeln geworfen wird.

Welche Augensumme sollten sie wählen? ______________

Begründe deine Antwort.

____

____

____

Spielanleitung (2 Personen)

Ihr braucht zwei Spielfiguren und eine Münze.

1. Ein Spieler wählt das Wappen, der andere Spieler die Zahl.
2. Zu Beginn des Spiels werden die Spielfiguren auf das Start-Feld gestellt.
3. Die Münze wird abwechslend geworfen. Der jüngere Spieler darf beginnen.
4. Je nachdem, ob Wappen oder Zahl fällt, darf der Spieler ein Feld vorrücken.
5. Der Spieler, dessen Figur zuerst das Ziel erreicht, gewinnt.

Spielt dieses Spiel 5-mal und notiert:

a) Wie oft hat Wappen gewonnen? ____________

b) Wie oft hat Zahl gewonnen? ____________

Vergleicht die Ergebnisse auch mit den anderen Spielern aus eurer Klasse.

Spielanleitung (2 Personen)

Ihr braucht zwei Spielfiguren, zwei Murmeln in verschiedenen Farben und einen Beutel.

1. Der jüngere Spieler darf sich eine Murmel aussuchen. Der andere Spieler hat die andere Farbe.
2. Die Spielfiguren werden auf das Start-Feld gestellt.
3. Der ältere Spieler beginnt.

   Die Spieler ziehen abwechselnd eine Murmel und legen sie wieder in den Beutel.
4. Wenn ein Spieler seine eigene Murmel zieht, darf er seine Spielfigur ein Feld vorrücken. Sonst ist der andere Spieler an der Reihe.
5. Der Spieler, dessen Figur zuerst das Ziel erreicht, gewinnt.

Spielt dieses Spiel 5-mal und notiert:

a) Wie oft hat die Farbe ____________ gewonnen? ____________

b) Wie oft hat die Farbe ____________ gewonnen? ____________

Vergleicht die Ergebnisse auch mit den anderen Spielern aus eurer Klasse.

Spielanleitung (2 oder mehr Personen)

Spielvorbereitung

Die einzelnen Streifen der Figuren werden ausgeschnitten und auf der Rückseite jeweils mit der angegebenen Nummer beschriftet. Es können auch weitere Figuren gezeichnet und ausgeschnitten werden. Anschließend werden die Streifen nach Nummern sortiert und zu drei Stapeln verdeckt nebeneinander gelegt.

Für das Spiel benötigst du außerdem einen Würfel.

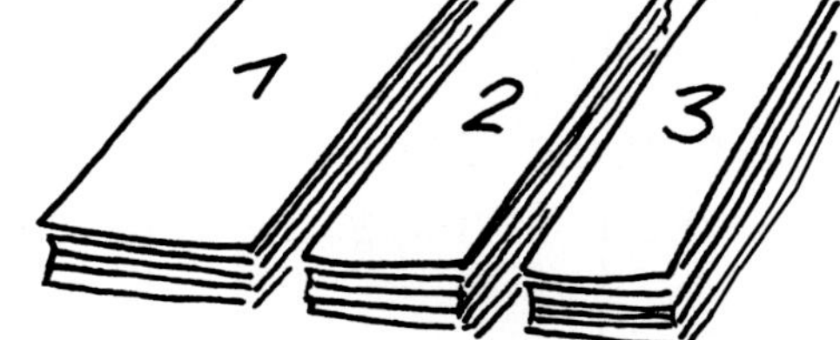

Spielregeln

1. Wirfst du eine 1, 2 oder 3, darfst du dir eine Karte von dem entsprechenden Stapel wegnehmen.
2. Wirfst du eine 4 oder 5, ist der nächste Spieler an der Reihe.
3. Wirfst du eine 6, darfst du einem beliebigen Spieler eine Karte wegnehmen. Ausnahme: Seine Figur ist bereits komplett.
4. Das Spielende ist erreicht, wenn alle Karten verteilt sind. Für jede vollständige Figur gibt es einen Punkt. Gewonnen hat der Spieler mit den meisten Punkten.

Lustige Leute (Blanko-Karten)

Lösungen

Seite 7 – Tabelle 1

Aufgabe 1

a) kleiner als 10: 7, 8, 4, 9, 9, 6
größer als 10: 11, 14, 11, 11

b) kleiner als 10

Aufgabe 2

a) Obst: Äpfel, Kirschen, Erdbeeren, Bananen, Zitronen, Trauben
Gemüse: Gurken, Erbsen, Möhren, Zwiebeln, Bohnen, Tomaten, Paprika

b) mehr Gemüse

Seite 12 – Tabelle 1

Aufgabe 1

a) Fahrtzeit: 15 Minuten, 30 Minuten, 7 Minuten, 69 Minuten, 99 Minuten

b) Ankunftszeiten: 8.00 Uhr, 8.33 Uhr, 7.27 Uhr, 17.56 Uhr, 0.03 Uhr, 20.08 Uhr, 13.34 Uhr

Aufgabe 2

a) Ortenberg-Selters, Molkerei; 12.49 Uhr

b) 17.48 Uhr

c) spätestens um 18.34 Uhr

d) Alle Verbindungen sind gleich schnell (5 Minuten).

Aufgabe 1

Eigenschaften	Zahlen 4	6	7	15	23	44	50	71	140	163	182	199	307	420
gerade	×	×				×	×		×		×			×
ungerade			×	×	×			×		×		×	×	
enthält die Ziffer 3					×					×			×	
gehört zur 2er-Reihe	×	×				×	×		×		×			×
gehört zur 3er-Reihe		×		×										×
gehört zur 6er-Reihe		×												×
durch 5 teilbar				×			×		×					×
durch 4 teilbar	×					×			×					×
Vielfaches von 10							×		×					×
Primzahl			×		×			×		×		×	×	

Aufgabe 2

+	326	125	413	222
222	548	347	635	444
97	423	222	510	319
315	641	440	728	537
298	624	423	711	520

Rot: 444, 423, 440, 423
Gelb: 347, 222, 319
Grün: 548, 635, 510, 641, 728, 537, 624, 711, 520

−	498	709	565	347
711	213	2	146	364
899	401	190	334	552
944	446	235	379	597
1014	516	305	449	667

Rot: 401, 446, 449
Gelb: 213, 2, 146, 364, 190, 334, 235, 379, 305
Grün: 552, 597, 516, 667

Seite 14 – Strichliste

Aufgabe 1

Jungen: 7

Mädchen: 5

Seite 15 – Balkendiagramm

Aufgabe 1

a)

mit Motor	■	■	■	■					
ohne Motor	■	■	■	■	■				

b) mehr ohne Motor

Aufgabe 2

a) zu Fuß b) 12 c) 6 d) 20

Seite 16 – Anwendung

Aufgabe 1

Eisbären: 2 Affen: 3 Pinguine: 3 Zebras: 2 Papageien: 1 Strauße: 2 Kamele: 2
Robben: 2 Giraffen: 3 Flamingos: 1 Löwen: 2 Löwinnen: 2 Gazellen: 1 Elefanten: 2

Aufgabe 2

a) Affen, Pinguine, Giraffen

b) Papageien, Flamingos, Gazellen

c) 7 (3 Pinguine, 1 Papagei, 2 Strauße, 1 Flamingo)

d) mehr Giraffen

Seite 17 – Strichliste

Aufgabe 2

Limo: 1, Apfelsaft: 2, Milch: 2, Kakao: 5, Cola: 3, Orangensaft: 3

Das Lieblingsgetränk der Klasse 2a ist Kakao.

Seite 18 – Balkendiagramm

Aufgabe 1

a) In der Abbildung wird dargestellt, wie viele Schüler die einzelnen Klassen besuchen.

b) 68

Aufgabe 2

Seite 20 – Stabdiagramm

Aufgabe 1

a) Man kann in dem Diagramm erkennen, welche Note in der Deutscharbeit wie oft erzielt wurde.

b) 3; die Eins (3-mal) kam seltener vor als die Vier (4-mal)

Aufgabe 2

a)

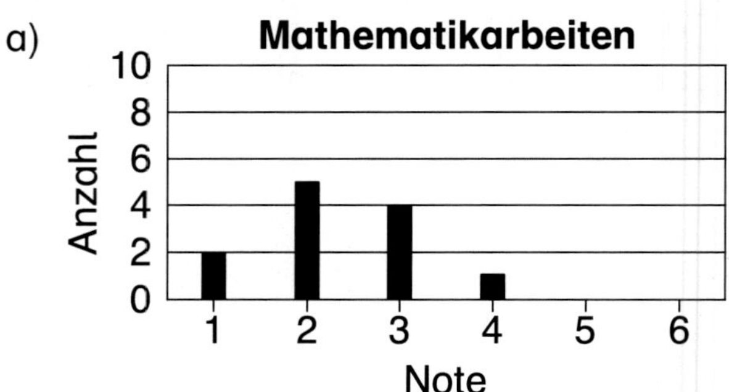

b) Er hat am häufigsten eine Zwei geschrieben.

Seite 21 – Liniendiagramm

Aufgabe 1

a)

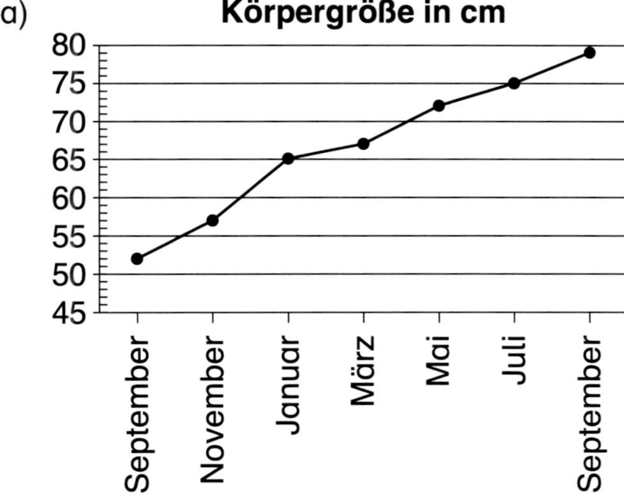

b) 27 cm; zwischen November und Januar

Aufgabe 2

Man kann an einem Liniendiagramm sehr gut den zeitlichen Verlauf von Daten erkennen.

Seite 23 – Säulendiagramm

Aufgabe 1

a) Traktoren

b) Es sind 6000 Busse mehr.

c) Es gab 3 609 000 andere Kraftfahrzeuge, also mehr Pkws.

Aufgabe 2

a) Die Höhe einer Säule gibt die jeweilige *Anzahl* an.

b) Betrachtet man alle Säulen gleichzeitig, so erkennt man schnell die *Unterschiede* zwischen den Anzahlen.

c) Man kann sofort sagen, was am *häufigsten* und was am *seltensten* vorkommt.

d) Säulendiagramme eignen sich gut zur Darstellung *großer* Zahlen.

Seite 24 – Kreisdiagramm

Aufgabe 1

a) Englisch und Religion (2 Stunden)

b) Deutsch und Mathematik (5 Stunden)

c) 3 Stunden

d) 25 Stunden

Aufgabe 2

a) 1 Liter Orangensaft

b) 0,75 Liter Ananassaft

c) 3-mal so viel Ananassaft

Seite 28 – Häufigkeiten

Aufgabe 1

Tätigkeit	Tag: Sonntag	Tag: Montag	Häufigkeiten
Fahrrad fahren	||	||	4
lesen	|	|	2
Freunde treffen	|	|	2
fernsehen	|		1
Haustiere versorgen	||	|	*3*
draußen spielen	|	|	2
drinnen spielen			
Spielplatz besuchen	|		*1*

Seite 29 – Häufigkeiten

Aufgabe 1

a) 138 Kinder

b) gestiegen; um 821 Kinder

c) 1978: zu Fuß; 1980: zu Fuß; 1994: Pkw; 1999: Pkw; 2003: Pkw

Mögliche Antworten: Es gibt immer mehr Pkws; die Verkehrsverhältnisse für Fußgänger haben sich verbessert usw.

Aufgabe 2

a)

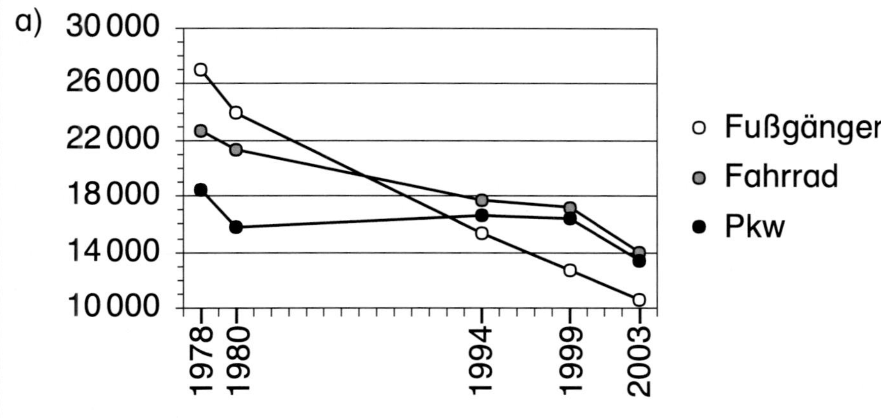

b) bei den Fußgängern

Seite 30 – Der Mittelwert 1

Aufgabe 1

Sie haben die Stundenzahl von allen Kindern zusammengezählt (6) und dann durch die Anzahl der Kinder (3) geteilt.

Aufgabe 2

20 Minuten

Aufgabe 3

Nein, das stimmt nicht. Der Durchschnitt liegt bei 3.

Seite 31 – Der Mittelwert 2

Aufgabe 1

Montag: 20 °C; Dienstag: 9 °C, Mittwoch: 28 °C
Die durchschnittliche Temperatur betrug 19 °C.

Seite 33 – Kombinatorik 1

Aufgabe 1

a) Bildschirm (kein Trinkgefäß)

b) Seepferdchen (keine Frucht)

c) Motorrad (kein Fahrzeug mit 4 Rädern)

d) 1 (kein Buchstabe)

Aufgabe 2

3 – 1 – 2

Seite 34 – Kombinatorik 2

Aufgabe 1

3 Möglichkeiten

Aufgabe 2

4 Gedecke

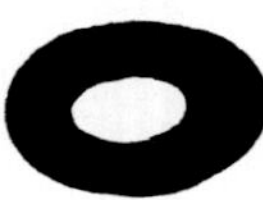   

Aufgabe 3

a) AB BC CD
AC BD
AD

b) 6 Möglichkeiten

Seite 35 – Kombinatorik 1

Aufgabe 1

a) EE FF GG

b) 15 16 17

c) 10 8 6

d) KKKKK LLLLLL MMMMMMM

Aufgabe 2

a) 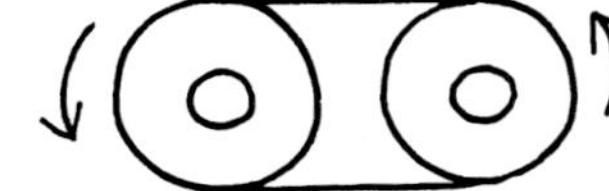

b) 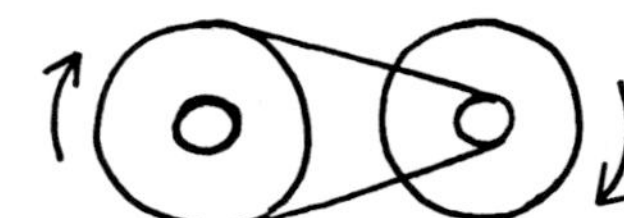

c) 

d) 

Aufgabe 3

a) 6 Wörter

b) Magen, Made, Regen, Rede, Wagen, Wade

Seite 36 – Kombinatorik 2

Aufgabe 1

a)

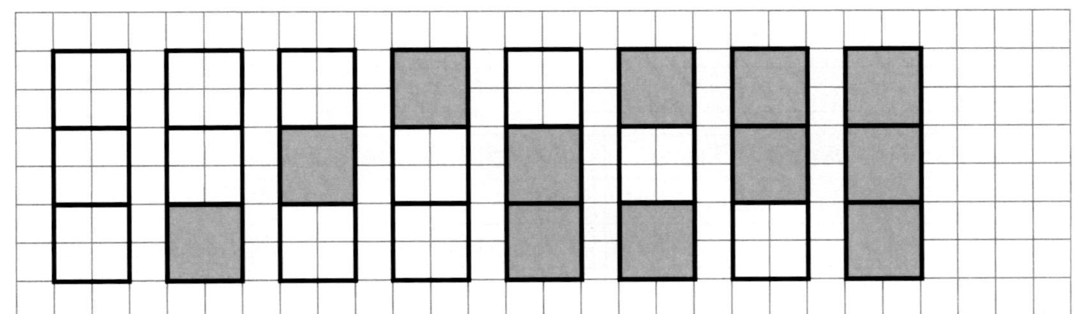

b) Es können 8 unterschiedliche Türme entstehen.

Aufgabe 2

a) AD, AE, AF, BD, BE, BF, CD, CE, CF b) 9

Aufgabe 3

Du hast 3 Möglichkeiten: Vanille/Schokolade, Vanille/Erdbeere, Schokolade/Erdbeere

Seite 37 – Kombinatorik 1

Aufgabe 1

a) $10 + 35$; $20 + 25$; $10 + 20 + 15$; $5 + 15 + 25$

b) Es gibt 4 Möglichkeiten.

Aufgabe 2

a) $20\,ct + 10\,ct + 3 \cdot 2\,ct + 1\,ct$
$20\,ct + 3 \cdot 5\,ct + 2 \cdot 1\,ct$
$2 \cdot 10\,ct + 3 \cdot 5\,ct + 2\,ct$
$3 \cdot 10\,ct + 5\,ct + 2 \cdot 1\,ct$

b) Es sind 4 Möglichkeiten.

Aufgabe 3

Es gibt 3 Möglichkeiten: $6 \cdot 40\,cm$; $8 \cdot 30\,cm$; $3 \cdot 40\,cm + 4 \cdot 30\,cm$

Seite 38 – Kombinatorik 2

Aufgabe 1

Hühner haben *2* Beine. Schweine haben *4* Beine.

a) insgesamt 80 Beine

b)

	Anzahl Tiere	Anzahl Beine
Hühner	20	*40*
Schweine	25	*100*
insgesamt	45	*140*

c)

	Anzahl Tiere	Anzahl Beine
Hühner	*33*	66
Schweine	*49*	196
insgesamt	*82*	*262*

Aufgabe 2

	Anzahl Tiere	Anzahl Beine
Hühner	*10*	*20*
Schweine	*10*	*40*
insgesamt	*20*	*60*

Seite 39 – Kombinatorik 1

Aufgabe 1

b) A1, A2, A3, A4, A5, B1, B2, B3, B4, B5, C1, C2, C3, C4, C5

c) Es sind insgesamt 15 Möglichkeiten.

Aufgabe 2

Es gibt 10 Wege.

Aufgabe 3

Ja: Wenn 3 Mitglieder in verschiedenen Monaten Geburtstag haben, sind dies 36 Personen.
4 Mitglieder bleiben übrig.

Seite 40 – Kombinatorik 2

Aufgabe 1

a) zum Beispiel:

	Freitag	Freitag	Freitag	Freitag
1. Stunde	Mathematik	Mathematik	Religion	Mathematik
2. Stunde	Mathematik	Mathematik	Deutsch	Deutsch
3. Stunde	Deutsch	Religion	Mathematik	Religion
4. Stunde	Religion	Deutsch	Mathematik	Mathematik

Aufgabe 2

a)

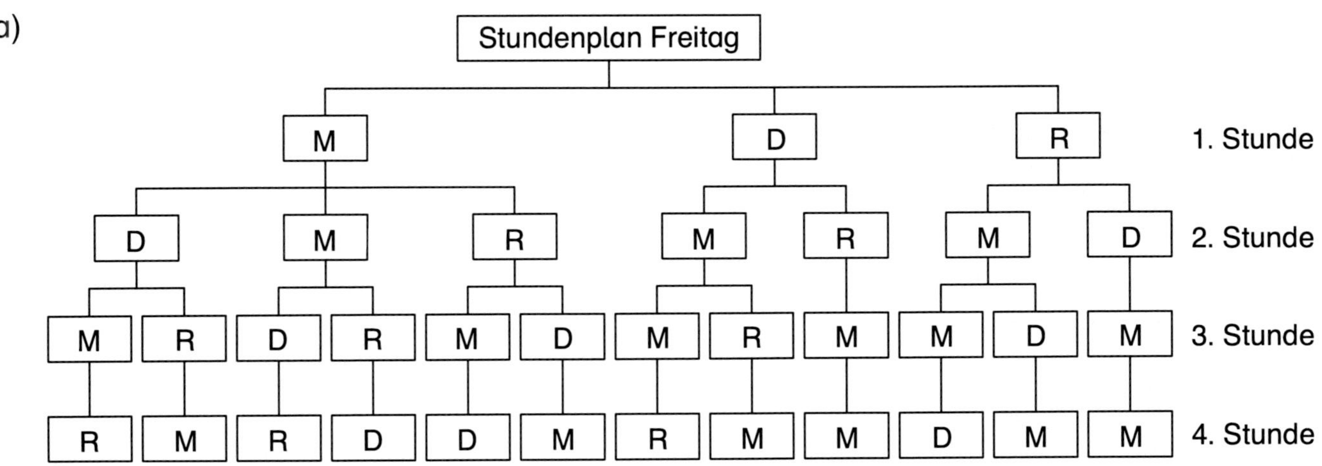

b) Es gibt 12 Möglichkeiten.

Seite 41 – Glücksräder

Aufgabe 1

Am sinnvollsten wäre:
1. weiß; 2. schwarz; 3. weiß; 4. weiß; 5. weiß oder schwarz; 6. schwarz

Aufgabe 2

A hat den größten Anteil der Kreisfläche.
Die Treffer-Wahrscheinlichkeit ist deshalb am größten.

Seite 42 – Kugelziehen

Aufgabe 1

Am sinnvollsten wäre:
1. weiß; 2. schwarz; 3. weiß; 4. schwarz; 5. schwarz; 6. weiß oder schwarz

Aufgabe 2

Nach den vier Ziehungen sind noch 7 rote und 8 schwarze Kugeln im Gefäß.
Es ist deshalb wahrscheinlicher, dass eine schwarze Kugel gezogen wird.

Seite 43 – Würfeln

Aufgabe 2

Am besten eignet sich die Augensumme 7, denn hier sind die meisten Wurfkombinationen möglich: 1–6, 6–1, 2–5, 5–2, 3–4, 4–3